"十二五"普通高等教育本科国家级规划教材

普通高等教育艺术设计类"十三五"规划教材

环境艺术设计专业

Office Space Design

# 办公空间设计

（第二版）

编著 薛娟 侯宁
马品磊 耿蕾

中国水利水电出版社
www.waterpub.com.cn

## 内 容 提 要

本书通过分析办公建筑的历史及办公空间设计的发展趋势，以现代新型办公空间LOFT的设计理念为重点，剖析办公空间的基本设计方法和主要设计程序，向读者展示现代信息技术给办公空间带来的智能化、生态化、多功能化、高层化等的设计理念。本书共分为6个单元，包括现代办公方式与写字楼的基本设计内容、现代办公空间的空间格局与规划、现代办公空间的设计原则、现代办公空间的设计原理、现代办公空间的设计程序与方法、最新办公空间设计赏析及案例讲解；每个单元后还附有练习题以供学生进行实题模拟。

本书图文并茂，内容丰富，选取新颖时尚的办公空间设计案例，理论与实践结合，使读者能更好地掌握办公空间设计的要点与方法。

本书适用于高等院校环境艺术设计专业、建筑学专业的师生和相关行业人员。

本书配套有相关教学课件，可在中国水利水电出版社网站（http://www.waterpub.com.cn/softdown）免费下载。

**图书在版编目（CIP）数据**

办公空间设计 / 薛娟等编著. -- 2版. -- 北京 : 中国水利水电出版社, 2015.8（2024.7重印）
普通高等教育艺术设计类“十三五”规划教材. 环境艺术设计专业
ISBN 978-7-5170-3635-7

Ⅰ. ①办… Ⅱ. ①薛… Ⅲ. ①办公室－室内装饰设计－高等学校－教材 Ⅳ. ①TU243

中国版本图书馆CIP数据核字(2015)第217291号

| 书　　名 | 普通高等教育艺术设计类“十三五”规划教材　环境艺术设计专业<br>**办公空间设计（第二版）** |
|---|---|
| 作　　者 | 薛娟　侯宁　马品磊　耿蕾　编著 |
| 出版发行 | 中国水利水电出版社<br>（北京市海淀区玉渊潭南路1号D座　100038）<br>网址：www.waterpub.com.cn<br>E-mail：sales@waterpub.com.cn<br>电话：（010）68545888（营销中心） |
| 经　　售 | 北京科水图书销售中心（零售）<br>电话：（010）63202643、68545874<br>全国各地新华书店和相关出版物销售网点 |
| 排　　版 | 中国水利水电出版社微机排版中心 |
| 印　　刷 | 清淞永业（天津）印刷有限公司 |
| 规　　格 | 210mm×285mm　16开本　9.75印张　296千字 |
| 版　　次 | 2010年8月第1版　2013年8月第3次印刷<br>2015年8月第2版　2024年7月第3次印刷 |
| 印　　数 | 6001—7000册 |
| 定　　价 | 48.00元 |

# 序

改革开放30年，在建筑界造就了一个行业——中国建筑装饰；在教育界成就了一个专业——环境艺术设计。中国建筑装饰行业的建立与发展，涉及建筑学、建筑工程学、风景园林学、艺术学等学科的理论指导，其业务范围涵盖建筑主体的内外空间。作为高等院校相对应的学科建设来看，除了传统的建筑类学科之外，艺术类的环境艺术设计专业，成为适应性强、就业面广的重要人才培养基地。

从理论建构到社会实践，环境艺术与环境艺术设计都是两种概念。由于环境艺术设计的边缘与综合特征，其观念的指导性远胜于实践的操作性。因此在社会运行的层面，环境艺术设计还是以建筑室内与建筑景观的定位，进行设计的操作，相对符合时代背景的限定。

环境艺术设计的专业特征——体现设计空间范围的难度、进入人类社会生活的深度、涉及不同专业领域的广度，相对高于二维平面与三维立体各类设计的专业方向。边缘性、多元化、综合型的专业特征，使得环境艺术设计专业方向，在不同学校以各具特色的方式和各自理解的教学方法，按照职业教育和素质教育的两种范式向前发展。

尽管目前在高等院校进行的高等设计教育使用的统编专业教材，并不符合培养复合型、创新性人才的相应教学，但在中国设计教育超速发展的态势下，实际上大多数大学本科设计专业的教学，还是一种专业基础知识和技能的传授。因此编写打破人文艺术与工程技术专业界墙，适合不同类型高校教学的通用教材，就成为高等院校设计教育教材编写的一种方向。

设计的基本要素，一个是时间，一个是空间。我们都知道，在爱因斯坦以前，物理的时间概念是绝对的；而这之后发生了颠覆，时间也变为相对的。于是，通过时间进行环境体验便成为被科学证明的问题。作为今天的高等设计教育，其设计观念的培育，从本源上就是要建立正确的设计时空观。

东方文化艺术，尤其是中国的文化艺术，更注重于时间概念的体现，而非是空间概念的形态。这一点，在建筑环境中体现得尤为明显。中国建筑环境所营造的体系与西方建筑环境相比是完全不同的两条路。同济大学教授陈从周的《说园》中，有一句话非常经典："静之物，动亦存焉。"这句话的意思就是：动与静是相对的。换作时空的概念："静"是空间的一种存在形式，而"动"则是以时间的远近来实现它的一种媒介。它表明东方传统的时空观是一个完整系统。关键在于，它的建筑环境一定要体现一种时空的融会。而时空融会的概念所反映的就是以环境定位的艺术观。

可以看出环境的艺术美学特征显现需要冲破传统的理念，这就是时间因素对于空间因素的相对性。城市与区域规划中美学价值的体现之所以未被关注，就在于基于时空概念的环境美学观尚未被人们所理解和重视。即使是建筑学和风景园林学领域的美学价值，在许多人的认识中还是以传统的美学观来判定，尚未上升到环境美学的境界。也就是说需要建立时空综合的环境艺术创作系统，来切实体现环境美学的理论价值。

由于环境的艺术是一种需要人的全部感官，通过特定场所的体验来感受的艺术，是一个主要靠时间的延续来反复品味的过程。因此，在环境艺术设计中，时间因素相对于空间因素具有更为重要的作用。在这里空间的实体与虚拟形态呈现出相互作用的关系，只有通过人在时间流淌的观看与玩赏中，才能真切地体会作品所传达的意义。环境的艺术空间表现特征，是以时空综合的艺术表现形式所显现的美学价值来决定的。“价值产生于体验当中，它是成为一个人所必需的要素”[1]环境艺术作品的审美体验，正是通过人的主观时间印象积累，所形成的特定场所阶段性空间形态信息集成的综合感受。

中国高等院校现在培养的学生，是未来 30 年高端设计乃至创新型国家建设的人才储备，能否脱颖而出在于今天的教育。在这里教材只是教育者的一种工具，关键的问题在于教育者的教育观念，具体到一个专业，又在于专业教育观念的正确性。

2010 年 6 月 28 日

于清华大学美术学院

[1] [美] 阿诺德·伯林特著. 环境美学. 张敏, 周雨译. 长沙：湖南科学技术出版社, 2006.

# 第二版前言

传统的写字楼中如方盒子似的办公空间给人以压抑的感觉，在商业利益的驱动下，办公空间充斥着机械的"装饰"。近半个世纪以来，计算机的出现以及网络的发展使得人们的办公方式发生了前所未有的改变——人性化、个性化、多元化的办公方式成为现代人的追求。办公空间环境的设计也随之转型，为不同的客户设计不同的办公环境，为客户营造更适合自己、更具活力和可持续发展的办公氛围遂成为设计师的更高目标。

本书通过分析办公建筑的历史及办公空间设计的发展趋势，以现代新型办公空间 LOFT 的设计理念为重点，剖析办公空间的基本设计方法和主要设计程序，向读者展示现代信息技术给办公空间带来的巨大变化：智能化、生态化、多功能化、高层化等的设计理念成为办公空间发展的主要态势；反之，也给办公形式提供了无限可能，颠覆着现代人的办公与家居、休闲观念。

本书共分为 6 个单元：现代办公方式与写字楼的基本设计内容、现代办公空间的空间格局与规划、现代办公空间的设计原则、现代办公空间的设计原理、现代办公空间的设计程序与方法、最新办公空间设计赏析及案例讲解，每个单元后附有练习题以供学生进行实题模拟。

本书适用于高等院校环境艺术设计专业的学生或相关行业人员，全书图文并茂、内容丰富，选取新颖时尚的办公空间设计案例，理论与实践结合，使读者能更好地掌握办公空间设计的要点和方法。并且提供了高品质的 LOFT 案例与细节图片，探讨其创意思路，增强读者的视觉感受，开阔读者眼界，为读者从事相关的设计任务开启新思维。

本书的编写思路来源于长期教学工作的启发：许多学生不是不会做设计，而是做不出有创意、有新观念的设计。因此，在"办公空间"这门课程的教学中，我们强调基础知识的循序渐进与最新案例的解析，以及设计与深层文化理念的结合。

本书于 2010 年 8 月第 1 次出版发行，得到了广大读者的认可和鼓励，并于 2014 年入选国家"十二五"普通高等教育本科国家级规划教材。这对于编者和我们的团队是莫大的荣誉，也更增加了把这本书、这门课做得更好的决心。设计界的思维和成果日新月异，教学方法和教材也应该与时俱进、不断更新。特别是经过几年的教学实践应用，以及兄弟院校同行的宝贵反馈意见，都促使我们立即着手查缺补漏、修订完善，以便更好地为读者服务。

本书的撰写还得到了刘昱初、耿蕾、吴佳佳等老师的大力协助，修订过程中得到了研究生常莹、姜静、钟意、展超、郑悦、姜安琪、商宏霞、徐启圆同学的帮助。对于大家的通力协作在此一并致谢！

感谢使用本书和为本书的修订、改版提供宝贵意见和建议的各位读者，正是你们的信任和激励促使本书更为完善。希望读者对新版一如既往的肯定和支持，也欢迎读者朋友们对本书的不足之处继续批评指正。本书还配套提供了相关教学辅助材料，可在中国水利水电出版社网站（http://www.waterpub.com.cn/softdown）免费下载。

编者

2015 年 7 月

目录

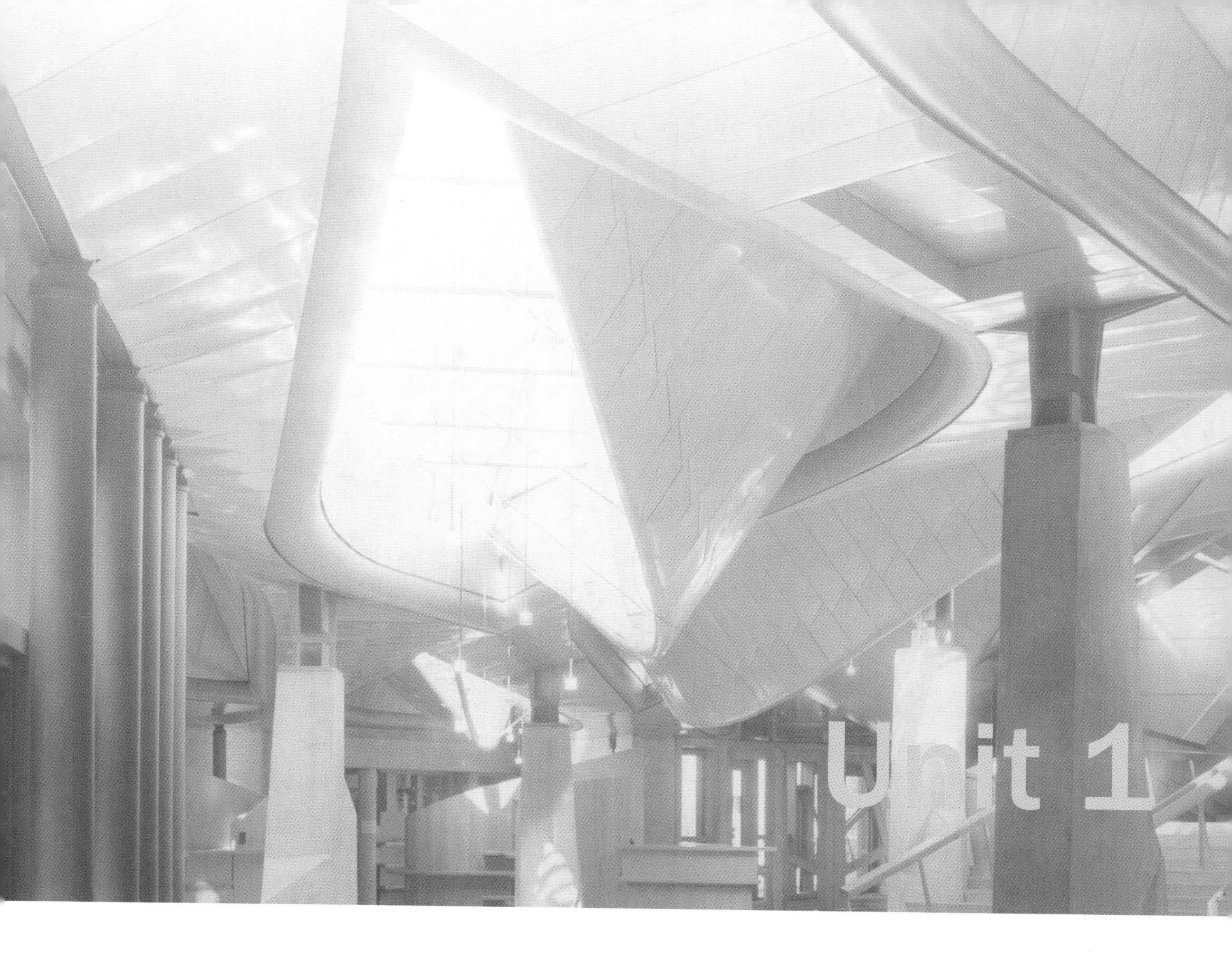


# 第1单元 现代办公方式与写字楼的基本设计内容

**学习目的**

本单元从总体的角度对办公建筑及内部空间进行详细介绍，包括办公建筑的历史演变、最新办公空间设计的主要趋势，以及 LOFT 的发展演变，通过对比分析现代网络技术下的新型办公方式，展现现代办公楼的主要特征及其大致分类，通过案例分析让读者更深入了解新型办公空间的内涵。

**学习重点**

了解最新办公空间设计的主要趋势：智能化、生态化、多功能化、高层化，以及新型办公空间 LOFT 的发展。

# 1.1 办公建筑与写字楼的历史

办公活动伴随着人类社会的发展而发展，最早是在一个特定的空间场所进行以物易物和部族管理等活动，这是办公行为的雏形，虽然在办公方式上还不完善，在空间性质上还不确定，但是办公的意义已经定型，即为生存而工作。

完整意义上的办公空间是在阶级社会形成以后，由于社会管理、社会分工逐步的细化，以及货币的产生使得交换成了贸易，因此出现了这些活动的特定空间——办公空间。如皇宫、议政厅（行政）、钱庄、店铺等。人类社会在这样的传统办公空间中经历了数千年的发展，其较为单一的使用功能，使人们长久以来对办公空间形成了一种陈旧观念，即办公空间的氛围应该是严肃紧张的，而这恰恰影响了办公建筑的发展。整齐划一的分割、一成不变的家具陈设、单调无趣的色彩装饰似乎成为了办公空间恒久不变的形象。

18 世纪末到 19 世纪初的工业革命带来了空间变化的概念，大规模的机械化大生产带动了社会各行业的巨大发展，这一时期的办公室结构是 19 世纪典型的公司结构。由于全球性经济危机和第二次世界大战，20 世纪三四十年代办公大楼的建设几乎完全停滞，战后一直延续了 20 世纪 20 年代的设计传统。所谓的功能设计方法在 20 世纪 50 年代达到了顶峰，办公塔楼在世界范围内成为经济好转的象征，现代乌菲兹美术馆是第一座专门用做办公的大型综合建筑。1980 年以后建筑师罗伯特·泰勒（Robert Tailor）和约翰·索恩（John Soane）先后对英格兰银行建筑进行扩建和整改，但保留了该建筑原来的布局，银行职员根据不同的职责而分属不同的部门，但都在一个巨大的银行营业大厅内办公，办公桌成行排列，这正是众所周知的写字楼的空间组织形式。

办公建筑的设计发展史既缺乏一致性又没有连续性，在我们这个时代，行政管理办公楼的设计呈现不同的形式，有的办公室像蜂窝一样排列在走廊的两边，有的则为开敞式平面布置在相连的开放空间里，还有一些办公室房间结构迥异，并配有休闲室、咖啡吧，就像办公总部、卫星办公室或者家庭工作场所配有中央会议大厅一样，但是这些办公空间方案并不都是在 20 世纪构思出来的，它们中的任何一种在过去几千年中都已经有类似的形式存在了。

20 世纪经济全球化引起办公室工作人员极度集中，这一现象使得办公建筑的社会地位发生了改变。尽管各个地区的经济水平和消费能力不尽相同，但是却拥有相同的环境、城市和写字楼。50 年代末，办公建筑设计关注的焦点转移到人们的需求上，这种关注在很多理论中变得明显起来，而这些在十年后才在办公大楼设计中真正体现出来。20 世纪下半叶以来，人们对办公建筑的观念和认识已发生了深刻的变化，办公建筑的内容因办公方式的改变也发生了很大的变动。办公方式多样化和办公内容高技术化成为办公建筑的基本内容，办公建筑的平面及空间组合呈多元化的趋势。90 年代初，互联网的发展导致了办公室这一概念的逐渐消失，现在网络的普及则彻底转变成为事实，人们在任何地方都可以办公，办公室变成了家庭，同事间的关系也随之发生根本性的变化。今天的建筑师正在运用各种不同的建筑语言和手法，设计着那些将居住和工作融合在一起的空间。

各种形式建筑的形成都不是一蹴而就的，透过今日的结果，我们可以看到过去的种种痕迹，也能透视未来建筑环境设计的变化和发展方向。

## 1.2 现代办公方式与写字楼的特征

我们从任何一个城市的中心举目望去，鳞次栉比的高大建筑都是办公楼宇，也就是常说的“写字楼”（图 1–1）。办公楼的规模、数目、优劣几乎成为衡量一个城市现代化程度的标准，而这些建筑内部的办公空间则更是形式繁多、环境舒适、系统复杂。因为现代办公已不再是传统单一的伏案工作方式，科技的迅猛发展和网络技术的广泛应用带来了办公方式的革命，其改变也引起了办公环境和条件的巨大变化。机构和企业在追求办公效率与质量的同时更加注重空间形式与环境中的人性化需求，因为管理者们深知办公环境的优劣会直接影响到办公的效率、质量、工作行为和在社会公众眼中的形象。

图 1–1 现代办公大楼

20 世纪 80 年代，电子科技的突飞猛进给人类社会的生产和生活方式带来了革命性的变化，计算机和网络技术的广泛应用彻底改变了人们对时间、空间的概念，在办公中计算机几乎取代了以前所有的办公工具（图 1–2）。网络技术为资讯获取提供了广阔的平台，实现网上交易、网上洽谈、网上查询等，办公自动化这一概念在这个时代已经形成。由于办公的专业化、系统化使得办公的设备条件更加优越、功能更加完善，从而促使办公空间的设计形式变化必须更加丰富和复杂，以符合多元化办公要求以及个性化管理的需求。在现代办公环境中，照明技术、空调技术、机械交通技术以及家具生产技术、装饰材料技术的日益更新，大大提高了办公空间的舒适度；大量金属、玻璃、陶瓷、纤维等材料也被应用于办公环境之中，使空间呈现出多样化的视觉形式。另外适当地设置室内绿化，在布局上整合功能空间，积极调整办公人员的工作情绪，从而提高工作效率。进行室内空间组织时密切注视功能和设施的动态发展及更新，适当选用灵活可变的模糊型办公空间划分，具有较好的适应性。

图 1–2 现代办公空间

充分利用人力资源、重视电脑、信息技术的迅猛发展、在市场中加强竞争力以及增加经济效益等因素，始终是现代办公空间设计的出发点。从社会发展多元化的情况来看，新的“非传统”的办公行为模式，在一段时间内将与传统的办公方式并存，不同的办公方式相互补充（图 1–3)。

图 1–3 “非传统”办公空间

随着无纸办公的实现，国外一些办公室设计已经与传统设计有很大不同。所有信息都可以通过电子邮件、传真机等内部联络办法实现。办公自动化已经成为装修考虑的主要问题。尤其是一些为销售人员准备的办公室，取消了每个人固定的座位，因为他们中的多数人无需见面，也很难碰到，办公室的大多空间被用作会谈和交流用的茶水间或咖啡座，沿办公区的周围安装了完备网络和电话插孔的自由座位。销售人员回到办公室后可任选座位，只需接上笔记本电脑就能工作，极大地提高了空间利用率。

现代办公空间实际上是集整体功能性为一体，并传递一种生活体验，让使用者在每天忙碌的现实世界中体会到由建筑带来的悠闲心境的场所。“快餐式”设计的办公室满足不了员工的心理需求，好的设计要为客户带来完美和谐的设计概念，既坚持体现公司运营的需要，又能在统一完整的主题下富于变化，为员工提高工作效率创造最便捷、舒适的环境。办公场所的舒适性在不断提高，设计也越来越人性化。

# 1.3 现代办公建筑的分类

在繁若星辰的民用建筑群体中，办公建筑以其端庄新颖的立面形象、自然朴实的建筑风格、实用经济的平面布局、素雅严谨的室内空间而耸立于建筑之林。虽然办公建筑有着共同的空间和平面特征，但根据使用性质、功能要求、投资渠道、建设规模和建筑高度的不同大致分为政府办公建筑、科研办公建筑、教育办公建筑、企业办公建筑、金融办公建筑、租赁式办公建筑、公寓式办公建筑和多功能办公建筑等几种类型。

## 1.3.1 政府办公建筑

政府办公建筑是由中央或各级地方政府从政府财政统一拨款或通过各种行政渠道集资融资后兴建，单独为政府各行政部门（如各部、委、厅、局、办）使用的办公建筑（图 1-4）。政府办公建筑除具有一般办公建筑的特点外，还有以下特殊的方面。

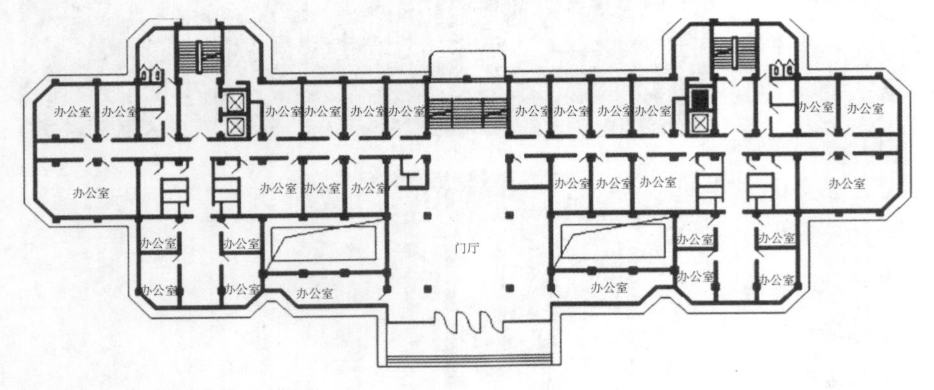


图 1-4 某市政府办公建筑底层平面图

（1）常以各处室、科室为办公单元，每个办公单元场布置于建筑的某层或某区域。一般为多层和一、二类高层建筑。

（2）10~30 人的各类中小型会议室、接待室较多，经常按办公单元分开设置。

（3）单位最高首长的办公室常设于各处室、科室办公单元的中心位置。

（4）在最高首长的办公位置区附近设置机要室、保密室、保密会议室和电视电话会议室、指挥调度中心等。

（5）200 人以上的大型会议室兼多功能厅一般设于建筑主体的一侧，置于建筑主体的顶层。

（6）在总平面图中常设有供本单位和外来办事人员使用的职工食堂、停车场等。

## 1.3.2　科研办公建筑

科研办公建筑是通过政府财政拨款或通过社会和个人融资建设的具有相对使用的办公建筑，常以多层和一、二类高层建筑为主（图1-5），科研办公建筑有以下几个主要特征。

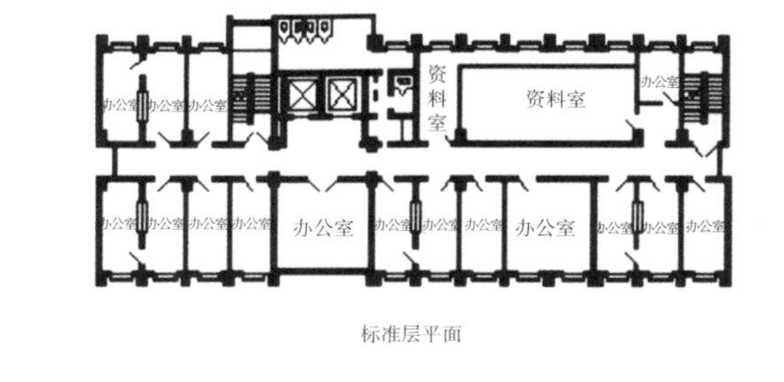


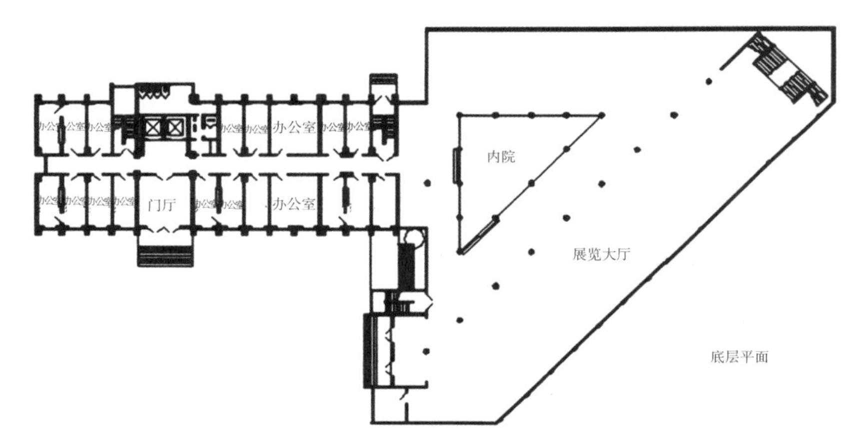


图1-5　某科研单位办公建筑平面图

（1）主楼底层和周围裙房多为宣传和营销该单位科研技术成果的用房。

（2）办公内容常以科研课题为中心，办公形式以成组式为主，经常采用大空间办公，办公空间的开间和进深均较大。课题研究常采用单间办公室，设在大办公空间的一侧。

（3）各种公共用房灵活布置在成组式办公空间的周围。

（4）办公手段先进，有单位内部的数据库、网络中心，建筑的智能化程度较高。

（5）图书资料用房占据的空间较多，此类房间往往占据建筑的一层或几层，一般布置于建筑主体的上部或在建筑主体以外单独布置，并通过连廊、过厅等与建筑主体连接。

## 1.3.3　教育办公建筑

教育办公建筑在办公建筑的类别中较为特殊，建设资金主要来源于政府教育经费和社会、个人融资三个渠道，该建筑是使用性质单一的办公建筑，一般为多层建筑，按照教育的区段和年龄划分，又可分为幼儿（学龄前）教育办公建筑、基础（中、小学）教育办公建筑和专业（大、中专）教育办公建筑等几种类型。

幼儿教育是我国教育的初级阶段，这种教育办公建筑的体量不大，内容较少，以2~3层居多，往往附属于幼儿园建筑主体之中或一侧，并通过连廊等交通手段与主体建筑联通（图1-6）。办公内容以配合幼儿教育为主，一般设园长室、教务室、医务室、财务室、供应室等办公房间，教师办公室一般设在建筑主体里幼儿园

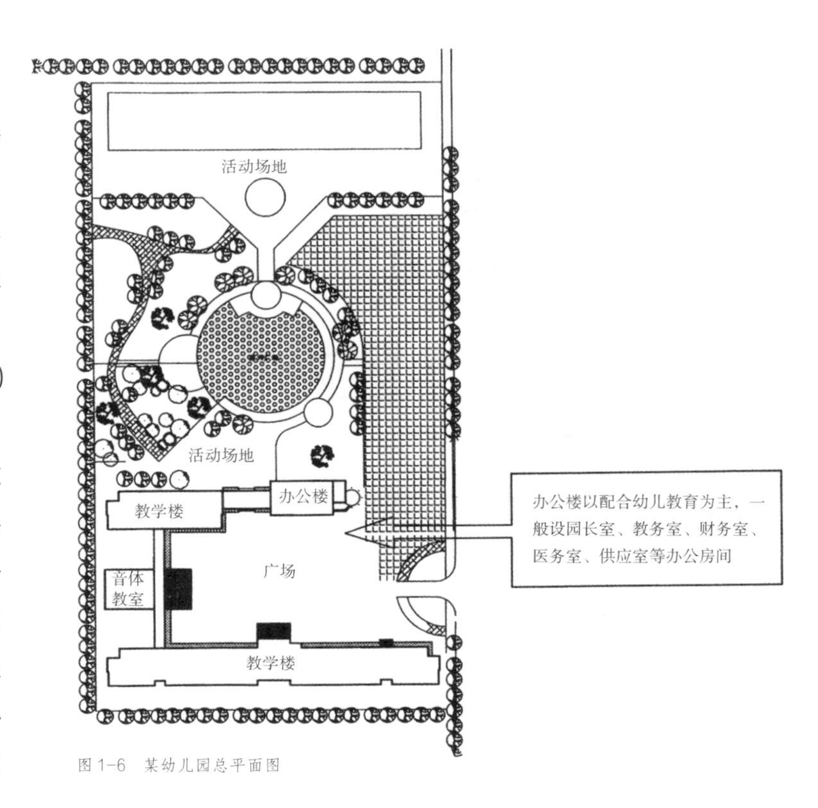


图1-6　某幼儿园总平面图

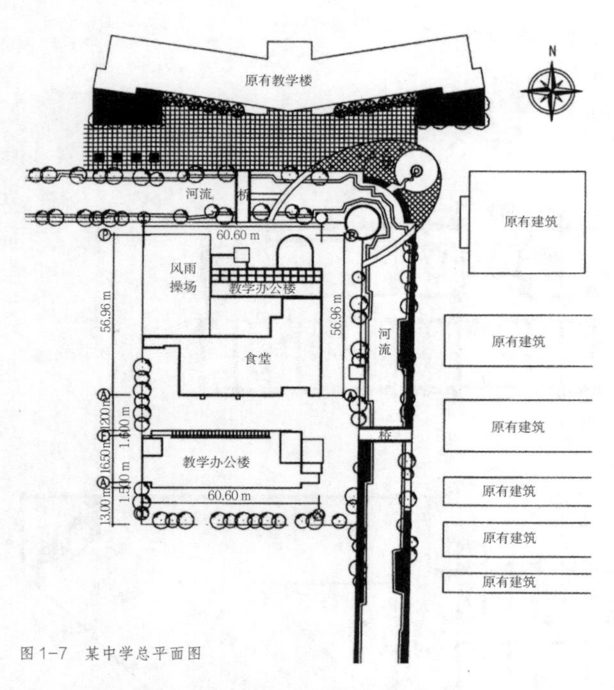


图 1-7 某中学总平面图

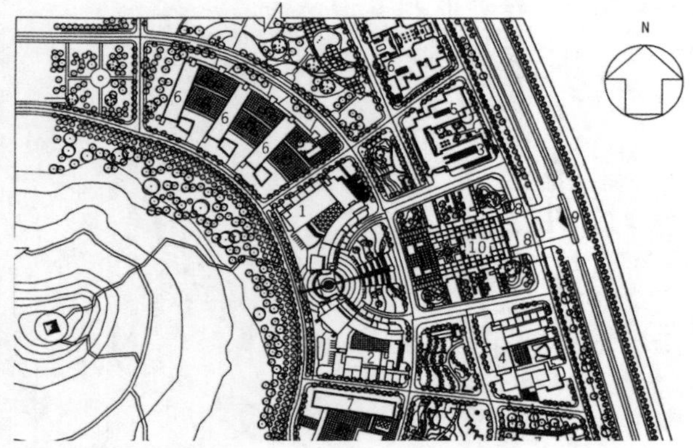


图 1-8 某高等院校总平面图

1—图书馆；2—信息中心；3—学校办公楼；4—艺术馆；5—外语系楼；6—教学楼；7—二级学院；8—传达室；9—校园主入口；10—主入口广场

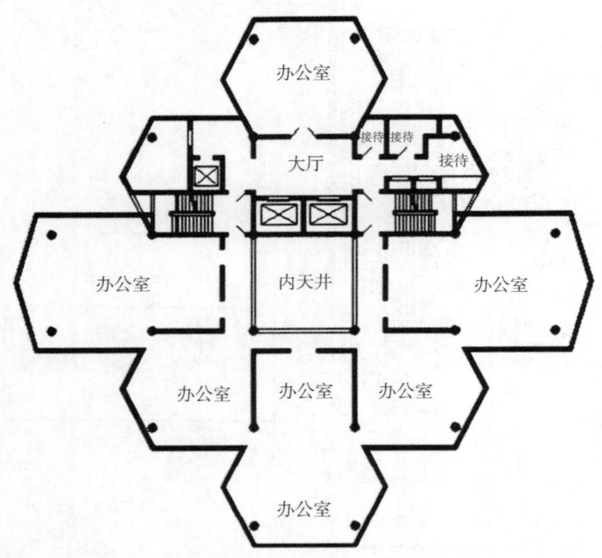


图 1-9 某企业办公楼标准层平面图

班级单元教室的内部，或与幼儿的活动室和休息室的相邻处。

基础教育是人生教育的关键环节，中小学教育中的办公建筑是中小学建筑群体中的相对独立部分，一般布置在中小学校区主入口的一侧，多为 3~5 层的建筑物。办公内容分为学校办公、年级与学科办公两种，学校办公是接受上级主管部门领导、与社会取得联系、对内实施行政和业务领导的复合办公区，具有相对的独立性。年级与学科办公是直接对中小学生实施教学、育人的办公区。小学以年级、中学以教学学科为办公单位。中小学校级教育办公建筑区一般单独布置，年级与学科教育办公区因课程类别设置的系统性和课时的连续性，可以布置在学校教育办公建筑的一侧（或尽端），也可以同教学楼连体设置（图 1-7）。

专业教育是我国教育的高级阶段，各类大学、学院和专业技术学校、电视、成人教育学院等是为社会和国家输送人才的基地。专业教育的校区往往占地多、规模大、标准高。专业教育中的办公建筑是直接连接社会、教育者及受教育者的纽带和桥梁，它一般分为以下两部分。

（1）学校办公建筑：是校级办公的场所，一般设于校区主入口的主要位置，与图书馆、教学主楼构成校区的主要建筑。常以对社会交流沟通，对校内各院、系、部管理指导和进行专题科研为主要办公内容。

（2）各院、系、部办公建筑：一般设在各院、系、部教学楼的一、二层，以专业教学和科研课题为单元组织办公区域并设有相对较多的各种专业实验室（图 1-8）。

## 1.3.4 企业办公建筑

企业办公建筑是企业的主体建筑，由企业独立投资兴建，代表着企业的文化、形象和价值。一般位于厂矿企业的主入口核心位置，或城市街区的重要地段，地理位置显要，立面形象特殊，内部空间具有强烈的创新性。它以对社会宣传、营销及对内部的经营管理和科研开发为主要办公内容。

图 1-9 为某企业办公楼的标准层平面图。尽管该建筑的平面功能、空间形态、立面形象不是很成熟，但具有强烈的特殊性。

## 1.3.5　金融办公建筑

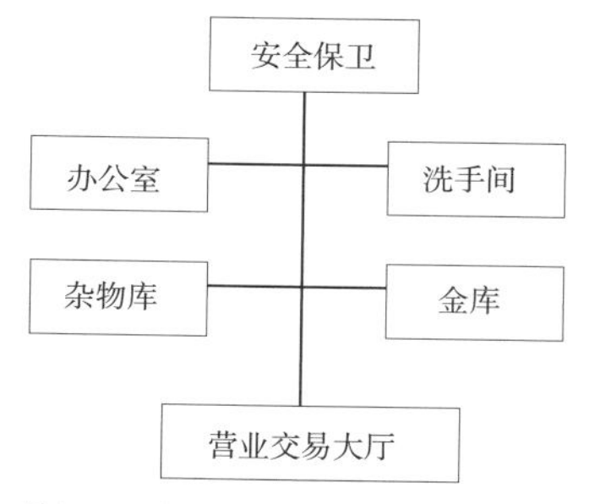

图 1-10　金融办公建筑的平面功能关系图

金融办公建筑是以进行货币经营和证券交易为主要内容的公共场所。以中国金融办公建筑为例，该类建筑的位置通常在城市中心或人流集中、交通方便的地段，建筑的投资方一般是中国人民银行及下属的工商、农业、建设、中国四大国有银行。随着国家经济的发展和金融政策的放开，国家许可的其他商业银行和金融团体也在大量修建各自的金融办公建筑。

金融办公建筑的建设因资金来源广泛，经济实力雄厚而建设规模大，建筑标准高。建筑的性格特征以空间形体坚实厚重、色彩运用朴实凝重、室内空间豪华庄重著称。建筑物底部裙房一般为开敞宽阔的营业交易大厅，建筑物主体下部是该银行或金融机构的办公用房，建筑主体的中部和上部通常是为其他外地的金融机构、单位和团体设置的出租式办公用房。建筑物的前面设有较为开阔的室外和交易活动空间，服务类用房常设于地下室（图 1-10、图 1-11）。

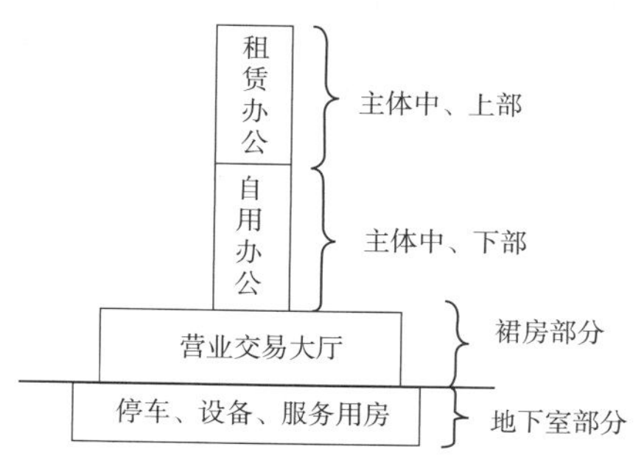

图 1-11　金融办公建筑的剖面示意图

## 1.3.6　租赁式办公建筑

租赁式办公建筑是房地产商或企业通过独家、几家联合投资，或向社会各界集资、贷款所兴建的以出租、出售为手段，通过经营的方式获取商业和经济利益为目的的办公建筑（图 1-12）。因此，该种建筑选址通常在商业繁荣、交通便利的闹市区，建筑形体高大，立面造型新颖，内部空间灵活。由于购买者和租赁者的不确定性和使用性质的未知性，因此办公空间呈现出极大的再布置的灵活性。建筑主体下面几层往往设计为大柱网的商业建筑，建筑主体的中上部层楼一般布置以交通枢纽为核心，进深、开间较大的大空间办公楼层，并可以通过室内装修和家具分隔等方法，将楼层分成几个办公单元，也可将几个楼层组合为一个办公单元，以利于开发商和投资者的出售和租赁。该类建筑的服务用房一般设在地下室部分，建筑主体设有多个可分别使用的出入口。此类建筑多数是 一、二类高层建筑。

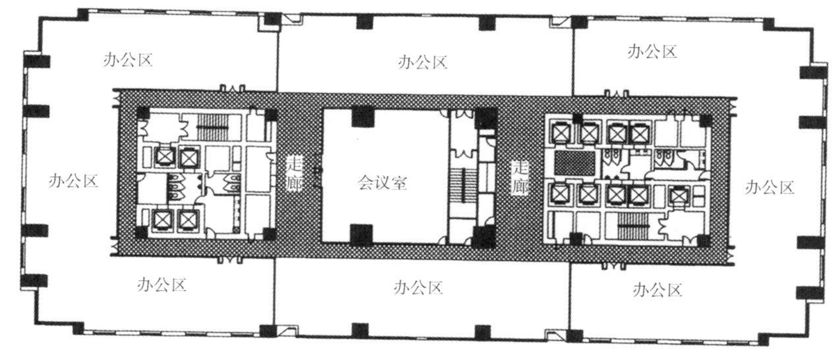

图 1-12　租赁式办公楼标准平面图

## 1.3.7　公寓式办公建筑

公寓式办公建筑是集居住和办公为一体的建筑物，一般由房地产商或企业财团直接投资或向金融机构贷款修建。以出售和租赁相结合为经营手段，以获得商业利润为主要目标。这类建筑选址一般在城市繁华闹市区和居住区的接合部，占地相对集中，建筑形体高大，立面造型建筑物下部带有明显的

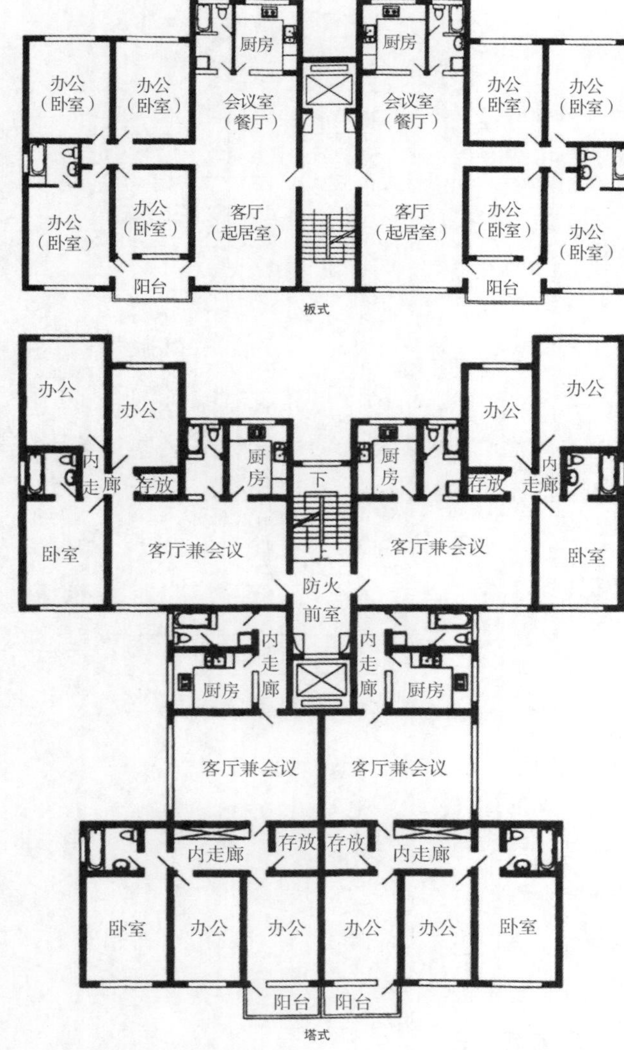

图 1-13 公寓式办公建筑平面图

商业建筑特征，建筑主体是单元式居住建筑的典型立面，建筑物底层至三层多为大柱网的商业空间，并具有空间分割的灵活性。建筑主体是扩大了的单元式住宅空间。因使用者具有不确定性，办公和居住的单元除厨房、卫生间位置相对固定外，其他空间具有较大的再次分割的灵活性，多采用大进深、大开间异形柱柱网。

一般公寓式办公建筑一面临主要街道，设商业建筑的出入口，临次要道路后院处附设办公和居住单元的出入口，服务性房间及设施通常设在地下室，一般多为一、二类高层建筑。以公寓型办公为主体的办公楼，也被称为公寓楼或商住楼。公寓型办公楼的办公空间也具有住宅的使用功能。它所配置的使用空间除了有接待会客、办公会议、卫生间等之外，还有卧室、厨房、盥洗等居住所必需的使用空间（图 1-13)。

## 1.3.8 多功能办公建筑

多功能办公建筑是集办公、居住、旅宿、展览、文化、商业、饮食、娱乐、社交等为一体的综合性建筑物。它占地面积广阔、建筑体量巨大、形体设计独特、建设标准极高、内部装修豪华、使用功能广泛、人流出入频繁，通常建在城市的中心地带，是城市和区域的标志性建筑。

该类建筑设有宽阔的室外广场，并以广场为核心设置绿化、雕塑、喷泉、小品、休息处等众多的人文景观。主体建筑下部设有体量很大的多层裙房，在高大的裙房里设有商业、贸易、展览、文化、娱乐、休闲、餐饮、社交等功能的空间，建筑主体中部一般布置办公、租赁等各种类型的空间，上部设居住室和旅馆，顶部设屋顶花园和旋转观光餐厅、茶室、酒吧等设施。公共用房设在不同功能空间的周边位置。服务性用房一般设于多层地下室内。此类建筑往往是由经济实力雄厚的企业财团跨国家、跨地区、跨部门投资兴建的城市或区域性的基础设施建筑，多为一类高层和超高层建筑。

建筑是现代人类生活所必需的物质条件，是人类为本身的生存所创造的人为的物质环境。建筑受人类社会的历史文化、思想观念、宗教民俗、审美意识、政治经济、地理环境、建筑材料、施工机具、科学技术等的影响和制约，是社会各种因素的复合载体。建筑的发展与社会的发展是同步的，但作为物质来讲，建筑与一个时代的思想、文化、观念等相比又有相对的滞后性。建筑是人类历史的发展变化中的一部分，深深地带有历史的烙印，具有强大的继承性；为不断适应社会的发展和人类本能的需要，建筑又具有可变性和舒适性。办公建筑也是如此，在继承中发展，在发展中创新。

办公建筑的建造决策者、设计者和使用者，绝大多数是脑力劳动者，均受到过良好的教育，他们是社会的强势群体，具有强烈的事业心和责任感，因此更能承前启后地思考和完成历史和社会赋予的各种使命，所以办公建筑具有更强烈的历史文化的继承性。

人类在进步、社会在发展，但办公建筑一旦落成就很难改变。办公建筑要适应社会的发展与进步，作为将来良好的社会资产，就要在设计中具有前瞻性，用发展变化的眼光来对待目前的办公建筑设计，从而使办公建筑具有灵活的可变性。

当今社会更注重以人为本的思想，对于办公建筑的使用者来讲，每天大约 1/3 的时间需要在办公建筑的空间里度过，为了提高办公效率，减少工作过程的疲劳感，创造既能使工作人员精力高度集中，又能使身心充分放松的办公环境尤其重要。这就需要设计人员在设计中既要考虑办公空间的严谨性，又要充分考虑办公空间的舒适性，在有限的空间里设计休息、交流区域，布置绿化景观，点缀雕塑小品，摆放艺术绘画，创造一个清新、幽雅、舒适的办公空间。

# 1.4　最新办公空间设计趋势与 LOFT 的概念

现代办公建筑趋向于重视人及人际活动在办公空间中的舒适感和和谐氛围，适当地设置室内绿化，在布局上整合功能空间的处理手法，有利于调整工作人员的工作情绪，充分调动其积极性，从而提高工作效率。室内空间组织时密切注视功能和设施的动态发展及更新，适当选用灵活可变的模糊型办公空间划分具有较好的适应性。办公室内设施、信息、管理等方面，则应充分重视运用智能型的现代高科技手段。节约能源、自然风格、个性化空间及灵巧设施应是“新办公空间”建筑的主要设计思想，节约能源应取决于其建筑的形体及其所采用的设备，而灵巧设施主要体现在采用灵活搭配的办公用具和办公柜、书架的设计造型上。

## 1.4.1　最新设计趋势

社会在发展，时代在进步，建筑作为人类社会生活所必需的物质环境，也必然要适应社会和时代发展的需要。办公建筑在建筑的类型中比重较大，因此更要跟上时代前进的步伐。总的来讲，办公建筑有智能化、生态化、多功能化和高层化四大发展趋势。

### 1.4.1.1　办公建筑的智能化趋势

优质高效地完成工作任务是办公建筑的主要功能。社会的发展对办公建筑提出了更高的要求，科学技术的进步为办公建筑的智能化提供了可能，办公建筑的智能化势在必行。信息渠道的增多，数量的加大，内容的变化，处理的繁重是将来的办公建筑所面临的主要问题。因此，智能化办公建筑的特征主要体现在收集信息的广泛性、处理信息的快速性以及产生信息的准确性三个方面（图 1-14）。

（1）收集信息的广泛性。办公建筑是社会的行政领导和技术业务骨干的工作场所，通过各种渠道和手段，广泛大量地收集方方面面的信息，是为社会产生决策性或指导性信息的前提和依据。只有全面地了解总体情况，才能保证国家和地方所属单位的领导机关产生和发出指令性信息的可行性、适用性和准确性。因此，办公建筑应设置系统化、自动化的信息收集中心，广泛收集大量的各种信息。

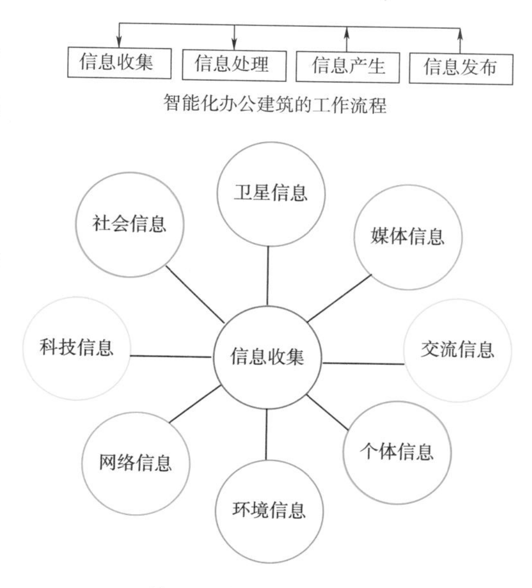

图 1-14　智能化办公建筑的特征

（2）处理信息的快速性。办公建筑应建立自动化和智能化的信息处理设施，对所收集到的信息进行统一的检索、分类和归纳，然后储存在内部数据库，并通过内部网络传送给决策首长、工作人员和相关的单位。

（3）产生信息的准确性。各级领导和工作人员应根据数据库和内部网络提供的经处理的信息，经过慎重、严谨的研究论证，迅速产生指导性或指令性的信息。

因此，智能化办公建筑在内部平面设计中要留有充分的空间，以满足其功能的特殊需要。在立面形体设计上要全面考虑通信和设备的独特形态，并使其成为建筑构图元素中有机的组成部分。

信息处理的相关流程如图 1-15、图 1-16 所示。

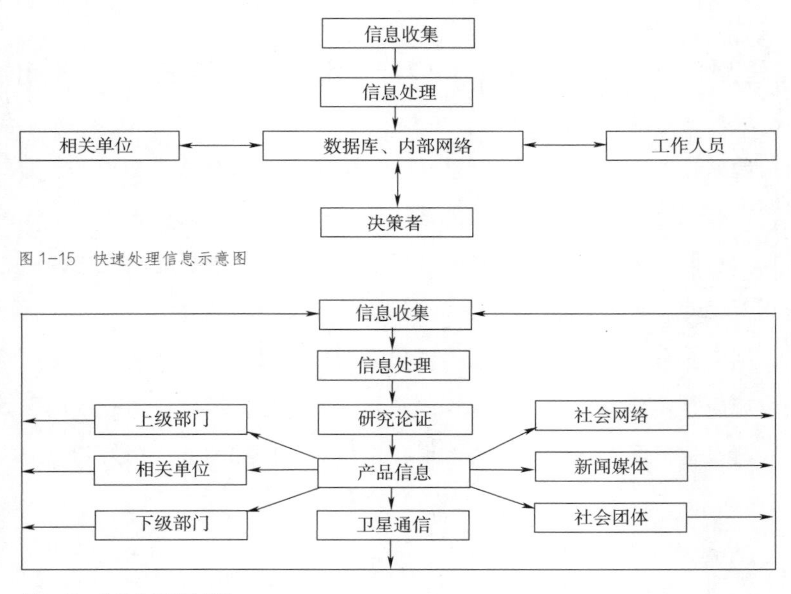


图 1-15 快速处理信息示意图



图 1-16 信息处理的流程图

### 1.4.1.2 办公建筑的多功能化趋势

办公空间应是多功能性的，即一个空间需要衍生出多种使用功能，不固定每一个功能区间，它们既可以是办公的区域，也可以是公共交流的区域。这样的形式迎合了现代办公环境中私密性、开放性、个体性、群体性等多种需要。空间的相互转化及其关系，反映出空间塑造的不同形式。例如：一家公司的老板是香港人，他每月也就有几天的时间在北京的分公司，设计师了解到这一实际情况后，将老板办公室的隔墙设计成能够活动的形式，在老板不在的情况下，这堵隔墙一打开，公司员工又多了一间休息室或做会议室。

### 1.4.1.3 办公建筑的生态化趋势

生态设计试图通过人为的设计，探讨或达到改善人类生活环境的目的，或者说，对业已遭到人类破坏的生存环境有所补偿的努力。

生态设计 (ecological design) 分为生态适应性设计和生态补偿性设计两大类型。

（1）生态适应性设计（ecological adaptable design）。即适应环境和生态的设计，包括从传统的建筑设计中吸取经验，如生态建筑、自然通风采光等。适应性设计的观点认为人与自然之间唯一正确的关系就是与自然相协调，人适应自然。如哈桑·法斯（Hassan Fathy）的建筑用泥土做建筑材料，用古代泥砖建造和传统方法设计，原本是适应当地生态条件的材料、技术和方法，变成了一次对现代建筑思想和方式的革新，不仅对发展中国家影响极大，也影响了提倡可持续发展、能源保护和节约自然资源的发达国家。法斯鼓励对传统建筑形式进行深刻思考，他认为传统可以被自由地附加于任何一个单体文化来进行复杂的循环。

（2）生态补偿性设计（ecological compensative design）。城市化进程中不可避免地会对生态环境产生破坏作用，必须要进行补偿，以人工再造第二自然建立城市人工与自然适合的生态系统，如德国的杜斯堡公园。这是人类对长期破坏地球生态环境的一种补救、补偿行为。

我们只有一个地球，它是人类共同生活的家园。人类发展与进步的同时也付出了惨痛的代价。地球的生态环境遭到空前的破坏，人类的生存条件在日益恶化。保护地球、爱护环境、维护生态，实现人类的可持续发展已成为世界各国政府和人民共同关注的焦点（图 1–17）。

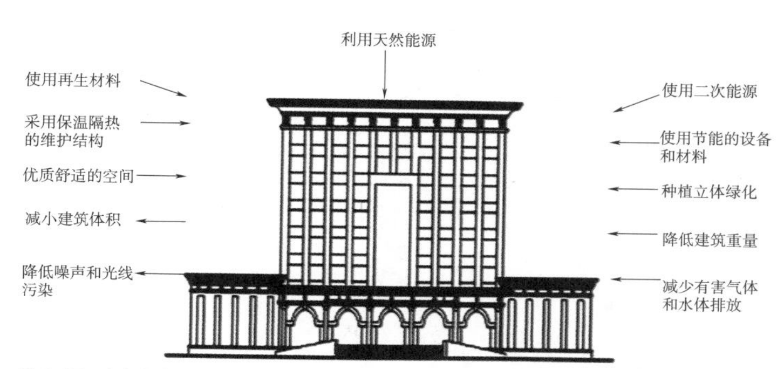

图 1–17　生态化办公建筑示意图

### 1.4.1.4　办公建筑的高层化趋势

我国的办公建筑逐渐呈现从低层向超高层变化的发展趋势（图 1–18）。由于国民经济持续增长、城市化进程逐步加快，大量农村人口涌入城市，百万人口以上的大型城市和千万人口以上的特大型城市在不断增加，城市规模在不断扩大，城市用地日趋紧张。作为占世界人口 1/4 的人口大国，我国的人均农田面积仅有 1.3 亩，保护现有的农耕面积已经成为我们的基本国策。建设量大、占用土地多的办公建筑向高层化发展是必然趋势。就目前为止，世界 100 幢最高建筑中的前 10 幢均为办公建筑，其中 80 幢为单一功能的办公建筑。

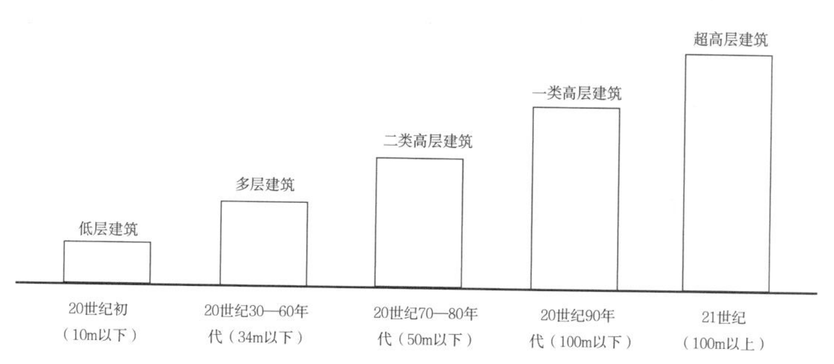

图 1–18　我国办公建筑的高度变化趋势

## 1.4.2　LOFT 的缘起

20 世纪 50 年代一群生活贫困的艺术家们，在纽约占用以前的工业建筑作为生活、工作处所，真正开始了 LOFT 生活。工业建筑的主要吸引力在于它的租金低廉，艺术家们租用得起，而且它的空间足够大，可以在里面同时生活和工作。这种住宅兼工作室——仅仅是一间空屋，有时也会有少量的设备——是现代 LOFT 的始祖。

### 1.4.2.1　LOFT 概念

LOFT 在英汉词典中译作阁楼、顶层楼，原指工厂或仓库的上部楼层。《简明不列颠百科全书》对 LOFT 的解释是："房屋中的上部空间或工厂、商业建筑内无隔断的较大空间。"到目前为止，LOFT 没有一个被广泛接受的准确中文表达与之对应。对 LOFT 一词的理解，早已超出了它原本概念的范畴，时代赋予了它新的含义和内容。LOFT 最初是为工业使用建筑而建造的，逐渐演绎为由废旧厂房改造成的灵活可变的、工作生活为一体的艺术家工作室等大型空间。"LOFT 是一种人与建筑交相辉映的空间形态，是少数与职业、人群、生活方式密切相连的挑剔空间"（王澍）；也指从非居住用途（工厂或仓库）建筑遗产经时尚化再利用转变而来的人居与工作空间。随着 LOFT 的影响不断扩大，LOFT 概念的外延也逐渐扩大，它所涉及的建筑类型已不仅限于工业厂房，还包括了学校、商业建筑和办公楼等非居住功能的旧建筑改建而成的大空间。

图 1-19 早期的 LOFT 样板

### 1.4.2.2 历史沿革

LOFT 现象始于 19 世纪末 20 世纪初的巴黎蒙马特区（Montmartre）的艺术家社群工作室。当时画家都蜷居在狭小的阁楼中（图 1-19），要么付着极其微薄的租金，要么想方设法躲避房东的催租。之后于 20 世纪初传入美国，欧洲 20 世纪 30 年代社会动荡与战乱使许多艺术家移居纽约，世界艺术中心由巴黎转向了纽约，由于纽约的住宅和办公楼租金都比较昂贵，那些艺术家们又无力承担昂贵的租金，便利用废弃的工业厂房，从中分隔出居住、工作所需要的各种空间，到 20 世纪 50 年代，这些老工业区就成为艺术家工作、生活的地方。不久，纽约的这种区域便成了这种新生活模式的典范，人们争相前往参观考察。到了 20 世纪 70 年代，LOFT 居住理念又被传回到欧洲，并重新被这块古老的大陆所理解和接受。20 世纪 90 年代以后，LOFT 成为席卷全球的艺术时尚，我国也在此时开始出现改造和利用工业建筑成为文化创意空间的现象，最早的是两个同样以 LOFT 为英文名字的艺术空间：北京的藏酷新媒体空间和昆明的创库。前者改造了北京机电研究院的仓库，后者则改造了昆明机模厂的厂房。此后影响力较大的还有北京的“大山子 798 艺术区”、上海的苏州河畔等。时下，国内涌现一大批 LOFT 形式的艺术家工作室。如今 LOFT 总是与艺术家、时尚、前卫等词联系在一起。可以说 LOFT 是不拘一格的艺术家的创造者，而且从一开始出现就和艺术有了牵连。

### 1.4.2.3 风格的形成

最初的 LOFT 住宅并不舒适，早期的使用者没有资本去改变它这种粗糙、原始、破败的面貌。为了降低费用，他们尽可能少作改动，从中分隔出居住、工作、社交、娱乐、收藏等各种空间，只要能够解决基本功能就可以了，从而整个房屋的构架、各种管线、横梁、填充砖墙等统统暴露在外。从此，粗糙的柱壁、灰暗的水泥地面、裸露的钢结构不再是废弃工厂的代名词。然而正是这些各种工业设施或生产过程中的烙痕审美化，形成一种破败的、磨损的、具有历史痕迹的美，这也正成为 LOFT 最具吸引力的关键因素。LOFT 已经成为一种典型的象征空间，以完全开放、充满设计感、有很宽广的视野，不再为艺术家所特有，而成为一些追求时尚的人们所选择并创造的生活方式。LOFT 发展到现在已经成为了一种生活方式的代名词，并演绎为一种前沿文化，也成为一种炫耀资本的方式。

但是 LOFT 发展到今天也有其不可忽视的文化意义。LOFT 虽然产生于艺术家的原始功利目的与文化反叛，但它发展到 20 世纪 60 年代末以后就自觉地加入到了广泛的建筑保护运动当中。人们开始重新审视、挖掘建筑遗产再利用的内涵的广泛意义，如果整个社会都以 LOFT 为启迪，大规模地进行建筑遗产再利用时，城市的社会文化和景观就会发生巨大改变。

（1）一大批艺术家搬了进来，把厂区变成了一个 SOHO 风格的艺术社区。它不仅吸引着艺术家，还吸引着大量与艺术相关的休闲娱乐业和零售商业的进驻。

（2）当 LOFT 成为一种生活时尚，当人们把比邻 LOFT 而居看成是一种身份和品位的象征时，它周边的土地价格随之会得到急速的攀升。

（3）随着越来越多艺术家工作室的入驻，众多商家也看重 LOFT 概念给商业品牌带来的另类效益。许多国际大公司会把一些新品发布、产品推广等活动安排在此。

### 1.4.2.4　国内案例

1. 北京大山子艺术区（即 798 艺术区）

北京大山子艺术区建于 20 世纪 50 年代，位于北京城东北角，四环之外的机场路东南侧大山子地区，前苏联援助中国时由东德建筑师设计建造，包豪斯的设计理念至今依然有所体现。它从一片破败的、默默无闻的厂房区一跃成为闻名中外的当代艺术中心区。这里汇集了大量艺术机构、艺术家的工作室、文化中心等。厂房、烟囱、标语和各种现代艺术形式混杂在一起，构成了强烈的视觉和文化冲突。

这些高大结实的厂房，吸引了一些前卫的艺术家、设计师对这里进行改造，把厂房分隔出各种风格独特的创意空间，同时还保留原有的工业厂房结构、管道设备，以及具有历史痕迹的标语口号（图 1-20）。北京大山子艺术区室内一大批艺术家、设计师和各类文化机构的进驻，大量陈旧、废弃的工厂、仓库，重新焕发了魅力。他们把这里重新定义为大山子艺术区。工厂高高的烟囱下面，几乎没有改造过的外观，沉重的厂房铁门后面是画廊、酒吧、餐厅、设计工作室、艺术家工作室、中央美院的雕塑工厂、精品家居、时装店、各种俱乐部和杂志社编辑部，它们共同构成了一片正在生长的城市艺术区。

图 1-20　原来的工业厂房以及有历史痕迹的标语

2. 上海 1933 老场坊

上海 1933 老场坊曾经是远东地区规模最大的宰牲场，还是上海长城生化制药厂的厂房。但于 2002 年空置，后经发现和改造，如今 1933 老场坊已经蜕变为集“展示、交流、发布、

图 1-21 粗犷的线条和敦实的体量以及巨大的体积让整个空间充满力量

交易”于一体的“创意生活体验中心”（图 1-21）。

3. 杭州 LOFT 49

此方案是一件旧仓库改建为某事务所的设计，工业味十足的建筑融入了艺术家们独有的气质后变得生动活跃起来。完全开敞的空间，没有多余墙壁的存在，充沛的采光和大尺度家具是工作室的基本格调。与多数 LOFT 相似，这里保留了后工业时代的印迹。斑驳的墙面只经过简单的粉刷，遮盖不住凹凸的表面，甚至留出一面砖墙裸露着，渗透着原始的张力（图 1-22）。

图 1-22 具有后工业时代印迹的杭州 LOFT 49

## 1.4.3 国外有特色的优秀案例

### 1.4.3.1 瑞士保险公司总部大楼

瑞士保险公司总部大楼（也称“小黄瓜”）由诺曼·福斯特设计（图 1-23）。图 1-24 是由生态环境分析得出的结果进行电脑模拟分析后得到的几何造型。

### 1.4.3.2 Interpolis 保险公司

Interpolis 是荷兰一家知名的保险公司。早在 1996 年，就因其独特的办公空间设计概念而闻名。其 1996 年的办公室最大特点是应用了无线网络系统，并注重团队工作空间。7 年后，紧邻原来办公楼的第三栋办公楼竣工，以“清晰工作”的特色展示给世人，进一步推进了办公空间设计理念的发展，淋漓尽致地体现了与知识型员工相适应的“学院型”办公空间的设计风格（图 1–25）。

图 1–23　瑞士保险公司总部大楼

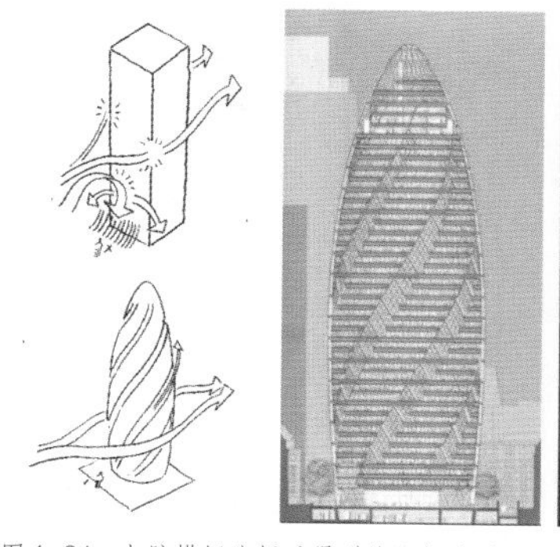

图 1–24　电脑模拟分析后得到的几何造型

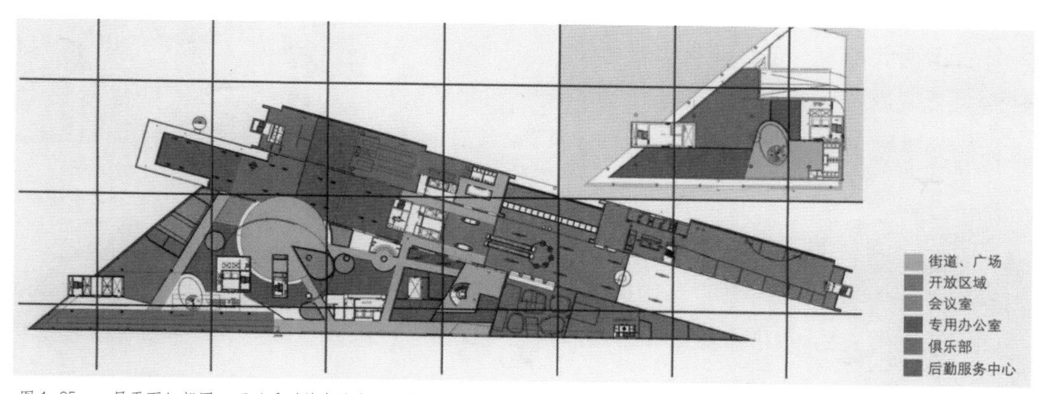


图 1–25　一层平面细部图，可以看到其中的房屋、街道和广场

3 号办公楼同样位于荷兰蒂尔堡的 Tivoli 广场，紧邻 1996 年落成的 1 号楼。办公楼的室内装潢设计独特，一反传统，颇具艺术效果的设计彻底打破了传统设计的樊篱，使之成为真正适应 21 世纪企业需要的办公空间。所谓的“清晰工作”理念，其中一条重要的原则，就是认识到随着科技的发展，办公室的布局不必完全根据企业的组织架构而定。设计师决定借鉴城市广场、社区等概念，把办公楼也设计成类似城市的网络架构（图 1–26）。

Tivoli 广场作为整个办公大楼建筑群的中心，其间错落排列着社区广场、街道、小径和各种工作区域，包括一条垂直通道和连通各楼层的曲折小径。在这样一个类似大都市的环境中，员工个人取代了建筑或组织构架成为办公空间的主体。为了进一步突出这一特点，大面积的楼层空间被各种设施分隔成许多小单元。

图 1-26　办公大楼内有许多艺术装饰元素，形成一个内在的网络体系

主干道、街道和小径穿过许多办公单元，颇有几分曲径通幽的感觉。例如，办公楼内的几间俱乐部，分别出自不同的设计师之手，给员工提供了宁静、温暖、宾至如归的休憩环境。室内装潢设计师 Nel Verschuuren 作为执行总监，负责遴选艺术家，如 Piet Hein Eek 和 Irene Fortuyn 等，并对他们负责的各个项目部分加以总体指导。大楼内一间称为“光明屋”的单元出自剧院设计师 Mark Waming 之手，另一间“纺织工小屋”则是室内设计师 Bas van Tol 的作品（图 1-27）。

图 1-27　“纺织工小屋”利用悬挂的绳索营造出网络化的工作环境

许多新型办公室设计都存在千篇一律的缺陷，在 Interpolis，你却找不到任何雷同的地方。这里实质上是各种室内装潢设计的汇集，而其中作为主体的知识型员工则掌握着它的运作方式。

#### 1.4.3.3　苏格兰爱丁堡议会大楼

这是苏格兰议会的新址，出自西班牙设计师 Enric Miralles 之手。新建筑竣工后，立即成为爱丁堡市的标志性建筑。整栋建筑体由数十个单体建筑连接成一个统一的整体，给议员和工作人员提供了一个优雅、舒适的工作场所（图 1-28）。

议会新址位于爱丁堡市一个老区，周围有著名的世界文化遗产，如皇家迈尔山 (Royal Mile)、亚瑟王宝座山 (King Arthur’s Seat) 等，议会大楼的占地面积有限，而且风格必须同所在地的中世纪街区风格相适应。这些都是设计师面临的难题。设计师 Miralles 的应征方案因外形像“一簇枝条和一片片树叶，象征着大地的收获”，最后终于在竞争中胜出。这栋建筑成为该市的有机组成部分，具有非常高的亲和力。

设计师在方案中以娴熟的技巧运用角度和景观效果，很少采用直线或直角，给人移步换景、“柳暗花明”的感觉。在室外景观获得成功设计的同时，室内设

图 1-28　平面图布局，从中可见 10 栋建筑之间的有机连接

计采用了行会的风格。

大楼的办公单元都带有一个凸出式的窗户。继续往大楼里面走，是一个庭院兼大厅，屋顶的外形好像翻扣的小船（图 1-29）。穿过庭院，就来到了议事大厅，这里给人的感觉完全没有政治会议中常见的激烈争论的影子，相反，人们有一种和谐、合作和令人振奋的感觉。

图 1-29　庭院兼大厅

建筑用材方面，传统的苏格兰建材，如西克莫无花果树木材的门窗、家具和深色的凯斯内思郡石板，同现代化的建材，如不锈钢面板和混凝土等完美地结合起来。在建筑风格方面，也是一个多样化的组合，既有东方“松竹临风”的窗户，又有北欧简约风格的 Donald Dewar 图书馆（图 1-30）。

作为行会型的工作空间，结合政治家们的需要，设计师在方案中安排了充足的公共空间，同时也考虑到具体的工作需要。每一位议员都拥有一个独立的办公单元，提供了恬静、舒适的工作环境，每个单元都带有一个豆荚形飘窗，不但造型独特、方便实用，而且最大限度地利用了有限的空间。室内的家具、橱柜等都是量身订制的，采用橡木或西克莫无花果树木材。坐在清静、优雅的个人办公室内，议员们可以毫无拘束地思考当天的工作（图 1-31）。大楼中大量运用玻璃幕墙，最大限度地获得自然光照明，同时也使议员们能在工作之余饱览窗外的苏格兰风光。的确，距大楼不远处就是著名的 Salisbtlry 山岗和 Holyroodhouse 宫，是一道不可多得的风景线。

图 1-30　Donald Dewar 图书馆

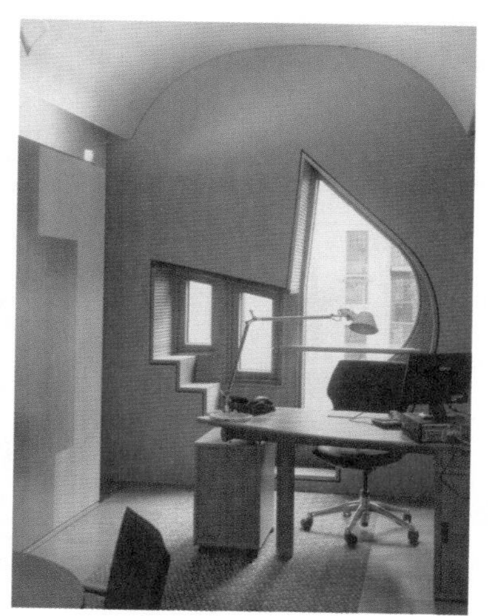
图 1-31　议员个人办公室一角

## 1.4.4　办公家具

在过去的几百年里，办公室位居城市的中心、标志区域，以富有特色的建筑语汇，改变了城市的外貌；摩天大楼风靡世界，改变了城市的风景，占据了城市的中心位置，在我们的眼前展现出各种风采。自办公室概念形成之初，这一切都在发展和变化，诞生了通信技术的每一项革新和发明：电话、计算器、传真机、电脑……通信发展的每一个新阶段都在办公领域获得热情的回报。通信进步改变了办公室，而且会继续发展下去，新设备在相当短的时间内成为办公室的中心，那么办公家具也要不断发展、变化以适应新的设备。

以下是创新型办公家具实例。

### 1.4.4.1 “只有变化才能持久”

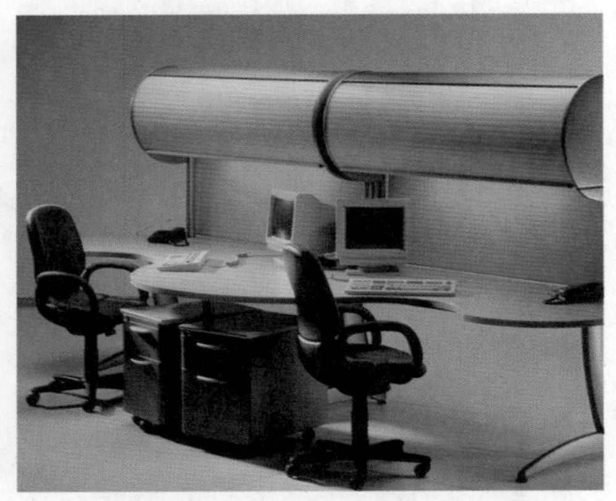
图 1–32 弧形的工作间外观传达了办公室充满活力的形象

以米兰为基地的日本设计师伊萨奥·奥索设计的一系列办公家具，线条柔和，富有动感和变化的造型。弧形的工作间外观不仅传达了办公室充满活力的形象，而且更容易解决各个工作站的人的需要（图 1–32）。因此，除了界定每个工作站主要功能的核心部件，台面和桌腿，无论是固定还是活动的，都有附加的三类配件：周边类、游离类和环境类。桌面有不同的种类和形状：平板形、过渡形、直角形和波浪形。它们的组合形成连续完整的形状，可以有 90° 转弯。工作台有各自的固定器，将台面和桌腿通过扣夹固定。周边类的配件，提供次要功能，可以将一个简单的办公桌变成一个具体的工作空间。在这类配件中，有不同种类的架子、高分类橱、隔屏、挡板和配电槽。游离类的配件，可以即时组成小组活动空间，共享空间并产生交流。环境类配件确保 TNT 系列在建筑中的完整性。这类的配件有两组：三角地板技术和具体的照明配置，能够使现有的设施灵活运转并有继续扩充的能力。

图 1–33 游离类配件灵活度极大

TNT 系列成为有效、富有活力且种类繁多的产品的关键因素是伊萨奥·奥索小组设计的不同的连接部位。不同部件的拼接通过固定夹在几秒钟内将桌面、桌腿和周边配件很方便地组装成功。

游离类和环境类配件在结构上是独立的，因此可以灵活地适应装配件的需要。游离式的办公桌可以随意拼接，无需固定在一起。游离类配件灵活度极大，引人注目（图 1–33）。伊萨奥·奥索努力让这些配件不断地演变，可以使短期小组活动更加顺利，并能够用作下一个活动的场地。

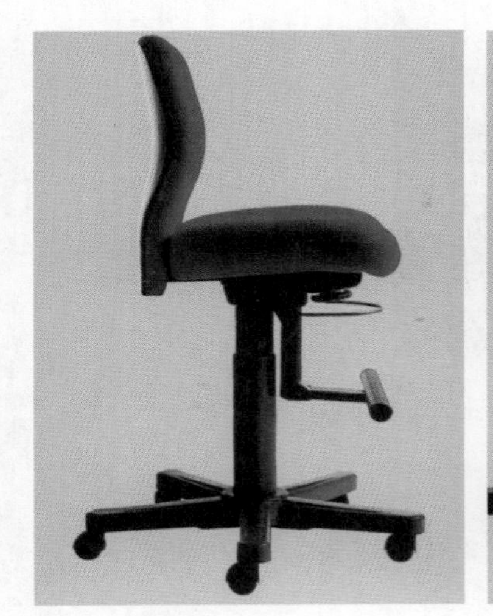
图 1–34 喇叭狗系列椅

### 1.4.4.2 喇叭狗系列椅

这一系列几种不同样品有高度不同的靠背、底座、无爪小脚轮或是滑轮轮椅（专为客人准备），有扶手或是无扶手。但是，所有的样品都有共同的，合乎人体的特征。这些椅子的构架均为金属，聚酯海绵垫和靠背为可以自由选择颜色的布面。扶手和椅背的后部用的是皮垫。凳子的底部有气压式调高器，安有脚轮的五爪形底座，还有塔斯克椅背，这类工作椅比普通的类型高出许多，很适合柜台、制图或其他高桌台的地方。职业办公椅的高椅背和椅座连成一个整体。这类椅子的扶手应该固定在椅背上。这种样式的椅背与椅座是分开的。有点低矮，这意味着头部不能像上面的椅子，可以枕靠在上面。由于椅背是分离的，扶手因此只安装在座位上。不同样式的椅子通常与不同的工作地点相关联，因此也就有椅背的高低之别，扶手的有无之分。这种样式是为年轻的主管或是经理设计的（图 1–34）。

1.4.4.3　232—CV 书架

232—CV 书架和 Abac 家具外观完全不同，但是，两种家具却都可装载完全不同的物件：文件、书籍、配件、文具……

办公家具通常是根据确切的用途而设计的，这些相互矛盾的要素被证实是非常有用的，它们可使家具更加实用。两种家具都将一种单一的形式带入办公环境中，使其高雅且富有特点。232—CV 书架结构由 232 号金属横条和 52 号金属竖条制成，可以装或是不装脚轮，组装十分简单。从图 1-35 中的诸多实例可以看到，它可以有很多不同的变化。

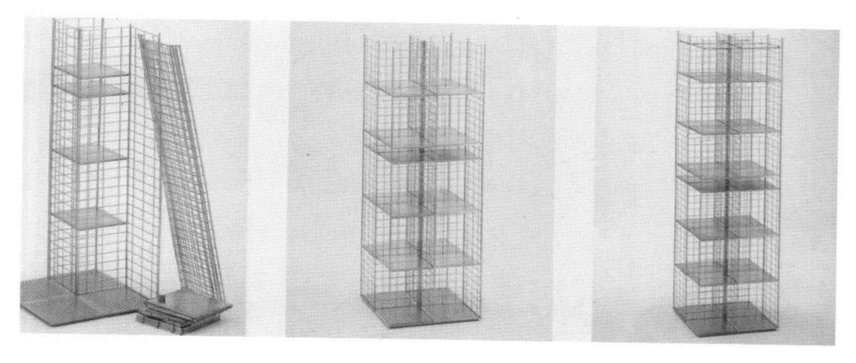

图 1-35　232—CV 书架

建筑师路易斯·保与马托雷尔、博伊加斯和麦克伊合作设计了 Abac 家具。这种家具的主要构架是一个塔，每一面都有许多大小不一、功能不同的屉柜。主要结构由黑漆木或是清漆美国梧桐木制成。边上的屉柜可以漆成黑色、红色或是蓝色（图 1-36）。

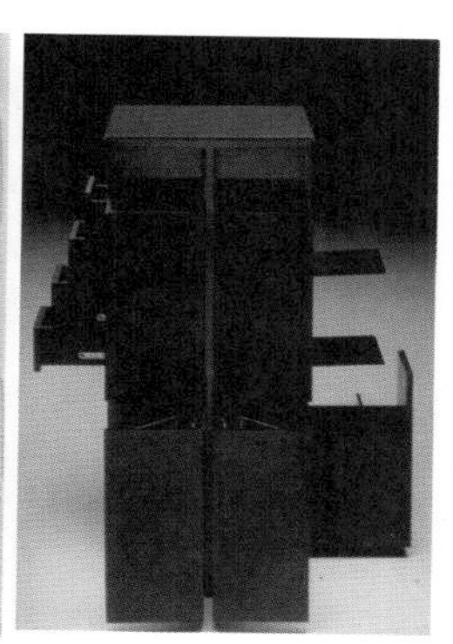

图 1-36　Abac 家具

1.4.4.4　C. 贝尔穆多设计的灯饰

C. 贝尔穆多设计的灯饰总是外形特别且引人注目。有未来主义风格的造型或是无法解析的象征主义作品。因此，它们能够将与个人情感相连的意象和通常为非个性化的空间，如办公室，结合在一起。如图 1-37 所示的奥克勒台灯，灯座和支架为磨光或是氧化铜做成，羊皮纸灯罩和白炽灯泡。

图 1-37　奥克勒台灯

## 课后任务

本单元作业命题：选择一个具有鲜明地域特色的办公空间，进行分析、欣赏。

## 参考书目

[1] 马库斯·费尔德，欧文 .Lofts 风格设计 [M]. 李瑞君，译 . 北京：中国轻工业出版社，2002.

[2] Silvio San Pietro.new offices in Italy [M].Digital Manga Inc，2003.

[3] 中国建筑装饰协会 . 室内建筑师培训考试教材（上）[M]. 北京：中国建筑工业出版社，2007.

[4] 沈渝德 . 全国高职高专艺术设计专业教材 [M]. 重庆 ：西南师范大学出版社，2007.

[5] 焦铭起 . 办公建筑设计图说 [M]. 济南：山东科学技术出版社，2006.

[6] 弗朗西斯科·阿森西奥·切沃 . 国外空间设计名师佳作·办公家具 [M]. 傅惠生，译 . 济南：山东美术出版社，1999.

[7] 陆地 . 建筑的生与死——历史性建筑再利用研究 [M]. 南京：东南大学出版社，2004.

[8] 奥利安娜·菲尔汀·班克斯 , 丽贝尔·坦克里 .Lofts——空间中的生存 [M]. 范肃宁，陈佳良，译 . 北京：中国水利水电出版社，2003.

# 第2单元 现代办公空间的空间格局与规划

**学习目的**

本单元主要介绍现代办公空间的空间布局及其设计规划，包括空间的平面组合形式、空间的形式与类型，以及设计中需要遵循的空间尺度、设计的总体目标等。通过学习，学生应该了解现代办公空间的组合方式、功能空间类型，根据不同的办公理念设计出不同的空间开放形式；还应了解现代办公空间的发展方向，确定设计目标。

**学习重点**

了解现代写字楼的平面组合形式、开放形式与功能类型，现代办公空间的尺度与人体工程学。

# 2.1 现代写字楼的平面组合形式

## 2.1.1 开敞式

20世纪60年代，开敞式办公室以其特有的通透结构——无需区分门与墙的随意安放设备和平等的办公空间格局迅速走红，成为办公领域的前沿。然而这般浪潮很快面临声学问题，以至于20年后由可任意划分板块的办公景观转型为个人操控的稍小办公空间，随后转型为集合式办公也是潜移默化的。这种开敞式办公在当今需要集中交流的场所如客服中心也是至关重要的办公格局（图2-1）。

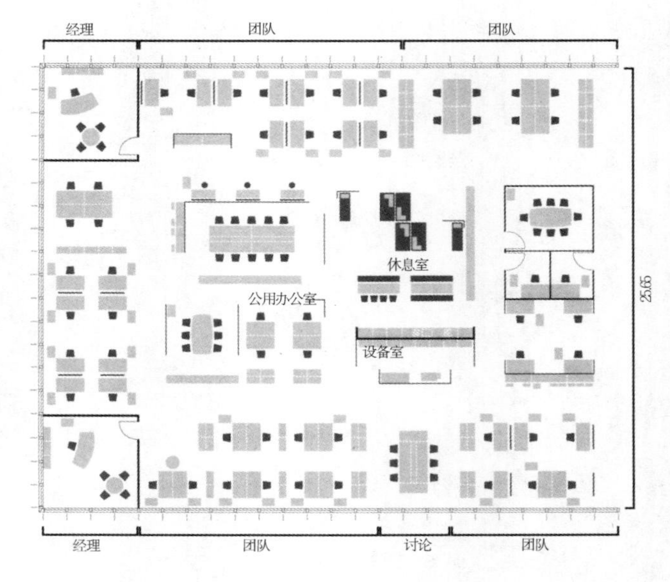

图2-1 开敞式办公空间平面

开敞式办公空间指建筑内部办公环境中无墙体和隔断阻隔，仅以家具和设备组合形成的空间环境，是典型的现代办公空间形式，被大量应用于多种群体办公区域、接待环境、设计室、阅览室、休息室等。其优点是空间流动性强、便于沟通交流、布局易于变动，不足的是私密性差、易受干扰。

1. 外观

空间结构主体分离的办公景观；空间划分通过移动墙壁、橱柜和室中室结构；产生开阔、通透的空间效果，非透明间壁高约1.6m；重建不同空间格局的高度灵活，室中室结构和柔性活动墙也使得员工的不同需求得以实现；每个办公空间可容纳25～100人；近窗区特有的工作空间置于建筑中部，强烈的格局层次划分，无走廊衔接；工作区面向储物室和中央资料室；居中安置研讨区、技术区和重建区。

2. 经济效益

可充分利用空间，第二设备区和核心室由工作区、研讨区、技术区和重建区相连；高深宽阔的房间结构导致相对高成本投入（持续人工照明和完整空调装置）；基于成本高度集中的灵活性要求，房间很难进行整体运营，照明、空调通常是短缺的；增强防火意识和提高运营成本适应灵活多变的需求；高度灵活性使其适应格局和交流结构的变更（降低重建成本）；设施不必按轴心线分布，提高地面利用率；工作区面积平均为12～15m$^2$，高密度集中工作空间，低成本运营。

3. 交流

团队沟通协调的畅通性和有效性；交流打破工作组间的界限，形成直接决策通道展开高速流程；研讨区、技术设备区和重建区的居中布局促进非正式交流；开敞式结构促进员工间的融合统一，增强凝聚力；同事间目光交流沟通无障碍。

4. 灵活性

交流结构与格局方面有可变更的高度灵活性；使用第二设备区和核心区充分利用空间；忽略建筑轴线，办公区密集高度集中，提高地面利用率；采光、温度、通风不可单独调节。

5. 独立的工作

不存在可回避空间，不适合个人集中精力工作；微小屏蔽阻挡声觉和视觉干扰；缺乏个人空间及私人领地。

6. 创新

交流区和重建区一体化；工作小组内外信息、思想交流畅通；创新团队与项目设计组办公区域分离；展示开敞式企业文化，体现高透明度工作流程。

7. 外开敞式办公空间的特点

空间的侧界面有一面或几面与外部空间渗透，顶部通过玻璃覆盖也可以形成外开敞式的效果。

8. 内开敞式办公空间的特点

空间的内部形成内庭院，使内庭院的空间与四周的空间相互渗透，墙面处理成透明的玻璃窗，这样就可以将内庭院中的景致引入到室内的视觉范围，使内外空间有机联系在一起。也可以把玻璃都去掉，室内外空间融为一体，与内庭院的空间上下通透，内外的绿化环境相互呼应，颇具自然气息。

空间开敞的程度取决于侧界面及其围合的程度、开洞的大小以及启闭的控制能力等。空间的封闭或开敞会在很大程度上影响人的精神状态，开敞空间是外向性的，限定度和私密性较小，强调与周围环境的交流、渗透，讲究对景、借景，与大自然或周围空间的融合。开敞空间和同样面积的封闭空间相比，显得大而宽阔，给人的心理感受是开朗、活泼、接纳、包容性的（图 2-2）。

图 2-2　开敞式办公空间的不同组合方式

在开敞式平面布局中，办公场所的安排是由各个组织的不同工作流程决定的。在等级管理模式中，只有员工间的横向沟通，而没有员工与上司之间的纵向沟通。但是，最重要的变化是提供了非正式沟通的机会：安静的沟通区域、集会的设施以及茶点室等都位于工作场所附近。平面图设计既反映内部的组织管理，又能够应对随时发生的办公组织变化。很明显，开敞式平面布局办公的劣势（缺乏隐私、享受不到阳光、高分贝的噪音）大于其非正式自由的优势。

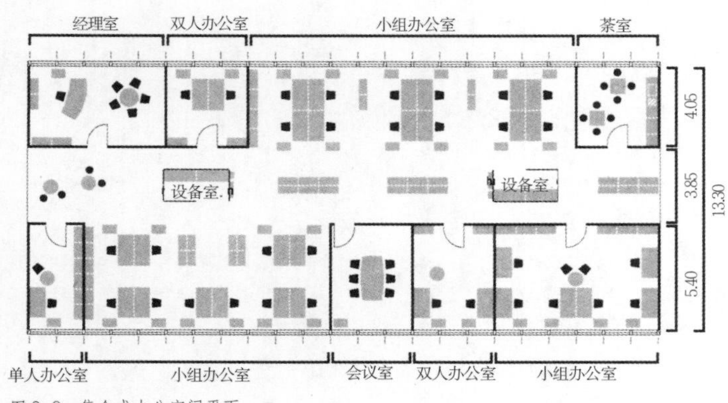


图 2-3 集合式办公空间平面

## 2.1.2 集合式（Group Office）

始于 20 世纪 80 年代初期，由开敞式办公演变而来的集合式办公，如今已经成为空间格局的新潮流趋势，深受创新领域中需要大量交流的小型团队钟爱，易于监督的宽敞空间和封闭的单人空间形成彰显个性的办公空间，集合式办公相对于开敞式办公，房间的高度明显有所降低，提高了空间的可监督性，照明环境有所改善，员工间的凝聚力增强，产生的噪音干扰也在可以接受的范围之内（图 2-3）。

图 2-4 集合式办公空间

1. 外观

大小不一的开敞式办公格局，由可移动墙和橱柜划分区域；开敞式和封闭式房间的交替取决于局部走廊的墙壁（图 2-4）；外形轴线与办公区域的走廊重合；小组和团队工作模式易于监督；充分利用地表面积，空间连接第二设备区，房间可容纳 8 ~ 25 人；近窗区域为高密度工作空间；工作区由走廊相连接；工作区面向储物区，橱柜墙通向走廊过道的档案室；研讨区、技术区、重置区的中央安置模式利于沟通交流。

2. 经济效益

空间在利用上跨越界限；研讨区、技术区和茶水间安置在中心地带；运营成本相对于开敞式办公来讲，因减少了建筑技术的需求而有所降低；灵活应对格局和交流结构中的变化；连接第二设备区提高地表利用率。

3. 交流

团队间良好的沟通协调能力（尤其适用于项目研究和协同工作组）；工作组间提倡交流沟通；研讨区、技术区和重置区的集中安置促进非正式沟通；开敞式结构能增强员工间的凝聚力，促进新员工的融合；同事间目光交流沟通无障碍。

4. 灵活性

适应交流结构和格局中的变化；使用第二设备区充分利用空间；忽略建筑轴线，更加有效利用地表面积；日光、人工照明、温度和通风可以根据情况进行调节。

5. 独立的工作

相对高程度的声觉和视觉干扰；不存在个人回避空间；不适合个人集中强度工作；限制个人空间和私人领地。

6. 创新

交流区被用作研讨区；工作组内外信息交流畅通；可被创新团队和项目组利用的巨大地表面积；开放透明的企业文化。

### 2.1.3　隔断式（Cellular Office）

隔断式办公空间无疑是最传统的办公模式之一（图 2-5），它几乎和行政管理工作联系在一起。从前，办公室工作往往被分成独立的每一部分，因此个人办公空间采用线性排列，然而现在多以满足完成工作任务为需求，这样的排列就没有必要了。隔断式办公空间在空间上比较独立，中央部分往往空出大面积的黑暗区域。这一类型办公室仍被广泛采用，尤其在那些强调个人单独工作的办公领域。

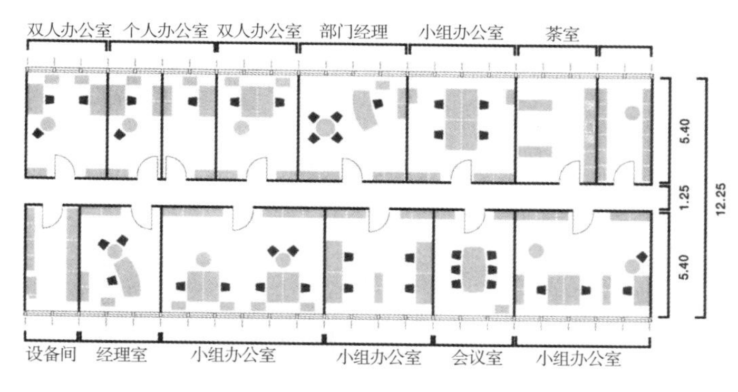


图 2-5　隔断式办公空间平面

1. 外观

单独的个人办公室依次排列，供多数人使用的办公室则沿外墙依次排列；标准隔断式办公室采用硬性石膏板墙壁，更改和拆除费用高；隔断式办公室采用灵活的隔墙系统，可自由移动，十分舒适；每间办公室供 1 ~ 6 人使用，分为单人办公室、双人办公室、小组办公室；单人办公室适合高度集中的工作，并具有相当程度的保密性；小组办公室则适和合作性质的工作；大部分办公空间都靠近窗户；办公室之间通过内部的走廊连接（大部分采用人工照明装置）；大型的储物室朝向工作区，从这里可以穿过走廊一侧的橱柜墙；主要的办公设备（传真机、打印机）全部放置在工作区。

2. 经济效益

像研讨室、设备室和茶室这些不太需要光线的房间全部沿着外墙排列，这样恰好与那些造价较高的办公区阻隔开来；个人办公室对表面积的应用相对较高，而双人办公室则更加经济实效；较低的楼层以及不使用空调降低了建设、技术设备以及管理的费用；房间的结构是固定的，因此格局的改变往往需要较高的费用；灵活的隔墙系统使得员工可以自由移动，十分舒适，这种隔断式办公室在墙面的灵活性、技术设备以及内部格局上还要花费额外的费用；表面的延展只能通过网格使用严格的轴线测量方式，降低了表面积的使用率。

3. 交流

个人办公空间不利于员工之间交换意见以及非正式的交流；被孤立的团队缺乏交流和透明性；只能实现个人之间的交流，但是不同团队之间的交流却存在困难；新员工很难适应到整个团体中来。

4. 灵活性

单功能，非灵活，在这种情况下需用不同的房间规模来创造灵活性；标准隔断式办公室格局的改变伴随着较高的工程造价；高度的灵活性以及节约费用的方式来防止结构的改变，这一改变只能通过增加费用、改变墙面、技术设备以及扩展内部来实现。只能使用测量网络技术来实现扩展；光线、人工照明、温度以及通风等都可以根据需要调节。

5. 独立的工作

完全屏蔽的个人办公空间具有高度的私密性，有助于集中注意力，几乎没有任何打扰性因素；在双人办公室以及小组办公室中很可能存在声音的干扰。

6. 创新

独立的扩展区域可用作小型的聚会；不利于随时的交流；高度的私密性；严格的设计，

古板而又保守。

隔断式办公空间的分隔方式，主要包括以下两个类型。

（1）绝对分隔。用承重墙、到顶的轻体隔墙等限定高度的实体界面来分隔空间，可称为绝对分隔。这样分隔出的空间有非常明确的界限，是完全封闭的。这种分割方式的重要特点是空间隔音良好，具有安静、私密的特点和较强的抗干扰能力，但视线完全受阻，与周围环境的流动性很差（图 2-6）。

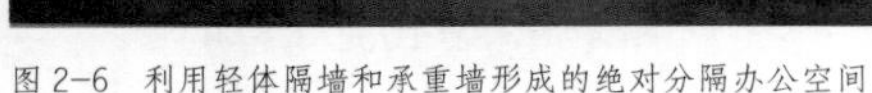
图 2-6 利用轻体隔墙和承重墙形成的绝对分隔办公空间

（2）弹性分隔。在办公空间的设计中，常常利用拼装式、折叠式、升降式等活动隔断以及幕帘家具、陈设等对空间进行分隔。这样，使用者可根据要求随时启闭或移动这些弹性分隔装置，办公空间也就随之发生变化，或分或合、或大或小，使办公空间具有较大的弹性和灵活性。

隔断式具体的分隔方法如下。

（1）用各种隔断、结构构件（梁、柱、金属框架、楼梯等）进行分隔（图 2-7）。

（2）用色彩、材质分隔（图 2-8）。

（3）用水平面高差分隔（图 2-9）。

（4）用家具分隔（图 2-10）。

（5）用水体、绿化分隔（图 2-11）。

（6）用照明分隔（图 2-12）。

（7）用综合手法分隔。（图 2-13）。

办公空间的分隔和联系，是办公空间设计的重要内容。分隔的方式，决定了办公空间之间的联系程度，并且在满足不同的分隔要求基础上，创造出具有美感、情趣和意境的办公空间。

这种空间形式往往与开敞式办公空间结合应用，主要用于部门主管办公室、接待室、职员休息室、样品陈列室、阅览室、设计室等。其特点是：兼备了封闭式办公空间和开敞式办公空间的优势，空间相对独立，有一定的私密性、便于沟通交流、易于观察，并在一定程度减少了干扰。

图 2-7　用结构构件进行分隔

图 2-8　色彩分隔

图 2-9　高差分隔

图 2-10 家具分隔

图 2-11 绿化分隔

图 2-12 照明分隔

图 2-13 综合手法分隔

## 2.1.4 复合式（Combi-Office ）

20世纪70年代末，复合式办公室在斯堪的纳维亚兴起，这种办公空间集合了开敞式与隔断式办公空间的优点，所有的办公室沿着外墙依次排开，中间使用玻璃隔开进而形成了个人化的封闭办公环境，间接照明的中心区域用作非正式的交流以及团队工作区，因此员工间的直接交流依然存在，高度的灵活性使得复合式办公空间较之其他办公模式更加紧凑，在空间的使用上更加经济实效（图2-14）。

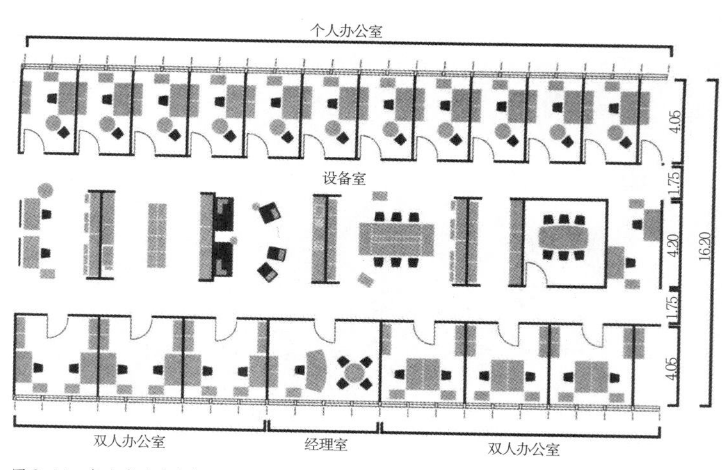

图2-14 复合式办公空间平面

1. 外观

一系列的标准化个人小型办公空间以多功能的交流结合在一起；走廊的墙壁必须超过1.5m，并且透明化（防火）以使得大量的阳光入射进来（图2-15）；综合区用作交流研讨室、技术设备储存室以及扩建区。个人为主的办公与团队工作之间的频繁交流变为可能；一个办公室供1～2个员工使用；小型办公室在8~12m$^2$；所有办公区的功能地位相同，通常具有交流功能；隔断型办公室与综合区相连，小型办公室与综合区相连，工作区与储物区相对。

图2-15 复合式办公空间

2. 经济效益

6～8m$^2$的综合室很少使用，这样的房间往往会降低空间的使用率（除非涉及临时的办公室和特殊的房间）；费用的发生具有高度的调节性，这样就可以随时改变整体的结构；标准的房间和家具设施确保了高效的灵活性；综合区可用作研讨室、设备储藏室和重建；根据墙面的轴线测量来摆放家具，这就导致了相对较低的表面积利用率。

3. 交流

可以随时将交流区改变成个人办公区；适于两个团队的交流；计划的会议和团队的工作可在综合区进行；在综合区员工可以通过玻璃墙进行交流；封闭的结构使得新员工之间的交流变得困难。

4. 灵活性

较低的灵活性以避免布局结构的改变；房间中相同的标准型家具确保了高度的灵活性；工作区与综合室分离开来，这样就可以保证单独的工作与交流的快速转换；严谨的轴线测量使得网格表面可用；工作区的光线、人工照明设备、温度以及通风设施可根据需要调节。

5. 独立的工作

交流和单独的工作可随时更换；个人的单独办公空间几乎没有声音打扰；综合区的玻璃墙使得单独的工作并不意味着隔离；在综合区工作可以看到外面的视野；个人的空间与交流区并未完全隔离。

6. 创新

有限的交流与接触不利于团队之间交流想法；综合办公区玻璃的墙壁打造了一个高度透明开放的空间，在这里可以看到个人的单独办公室（图 2-16）；个人工作室具有高度的私密性及个人的创新精神；综合工作区则集合了集体的智慧与创新。

图 2-16　单独办公室

## 2.1.5　无界限式（Non-territorial Office）

20 世纪 80 年代后期，IT 产业发生了根本的变化，非固定的办公模式随着这种变化而逐步发展起来，以客户为中心的灵活办公时间使得固定的办公空间以及工作时间显得多余，大部分的工作都是通过与客户的直接交流来进行的。因此活动的办公模式随着需求而出现，员工只是偶尔地走动，因此他们之间的信息交流显得至关重要，这种无界限办公模式非常注重这一点。如果无界限办公空间这一想法能够实现，那么开敞式办公结构如集团办公室，灵活办公室以及综合办公室等则非常符合这一需求（图 2-17）。

图 2-17　相对灵活的无界限办公空间

1. 外观

整体开放透明式结构，可根据特殊需求来改变空间结构；包括不同类型的办公区、会议室、研讨室以及重建区域；以往的办公模式已被改变，永久固定的办公区已不复存在；个人的文件全部储存在电脑中；为一个动态的企业提供了最大限度的多样性和灵活性；非常适合那些能够对自己负责的员工，他们大部分工作是在办公室之外进行的，办公室只是他们互相交流的场所。

2. 经济效益

由于灵活性的要求以及高新技术的应用，这一类型的办公空间相对于其他样式的投资花费要高很多；设计分隔式办公室要求大楼的进深不能超过 14m；标准的基础设施确保了高度的灵活性。

这种新型设计的鲜明特征是，不再把办公场所分给具体的某个员工。办公场所、其他办公设施和技术性资源按天数或小时来计算，由所有的人员共同使用。这样，员工们可以选择那些最适合他们工作和最方便组织团队的办公场所。无界限办公空间与网络的引进大多数是以一种交互的形式紧密联系在一起。员工可以在任何临时性工作地点通过远程连接与总部保持经常性联系，可以在马路上、客户那里、办公特区或辅助办公室，或者是员工家里。

## 2.1.6　多功能式（Reversible Office）

多样性和灵活性是可变的办公空间的两大特征，在一座大楼中可设计不同形状的办公室，这不仅仅有益于企业根据市场需求随时调整办公环境，而且节约资金。由于灵活性扩展系统的应用，中立的建筑结构已成为必不可少的一部分（图 2–18）。

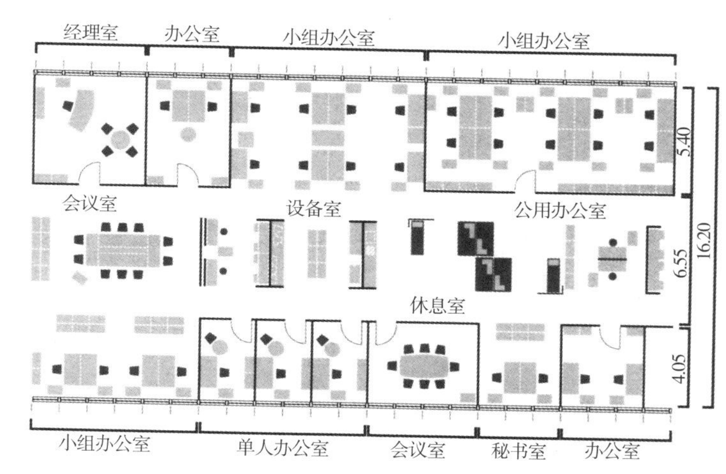


图 2–18　多功能办公空间平面

1. 外观

多功能性，不同的楼层可以设计不同样式的办公室，如分隔式办公室、集团办公室以及复合型办公室；混合办公空间将不同样式的办公室集中在同一楼层；使用者可以不考虑建筑样式、建筑期限这些因素，甚至可以在建筑工程中随时根据需要改变办公室的样式形状；鉴于企业的动态发展，可调控的办公空间提供了最大的多样性和灵活性；虽然用户还未确定，但其很适合用作投资项目。

2. 经济效益

与上类办公空间相似，由于功能多样性的需求，此类型办公空间的投资花费也很高，设计分隔式办公室要求大楼的进深不能超过 14m；标准的基础设施确保了高度的灵活性（图 2–19）。

图 2–19　多功能办公空间具有高度灵活性

# 2.2　现代办公空间的开放形式

如今的办公空间已经由 20 世纪 60 年代的隔断式依次排列或开敞式大型办公空间演变成追求品质卓越、注重性能灵活、讲求感官舒适的生活空间。新颖的工作时间制度和充满激情的工作流程率先提出崭新的理念，多功能办公空间和无界限办公空间应运而生。首先要根据企业工作的性质和数据信息时代的办公特点设计合理的开放形式；其次，无论何种开放程度，自然亲切的交谈对于获取信息和改善办公气氛是必不可少的。因此，个性化隔断办公空间仍属于最普遍的形式。办公格局的选择取决于工作形式和管理者个人的决定，但是僵硬呆板的办公环境束缚了人们奔向未来的步伐。以下四种基本的类型是现代社会办公空间的常用开放形式，但是在实际中也要因地制宜、灵活运用。

## 2.2.1 蜂巢型（Hive）

蜂巢型属于典型的开敞式办公空间，配置一律制式化，个人性极低，适合例行性工作，彼此互动较少，工作人员的自主性也较低，适合例行性工作的一般行政作业，譬如电话行销、资料输入等（图 2-20）。

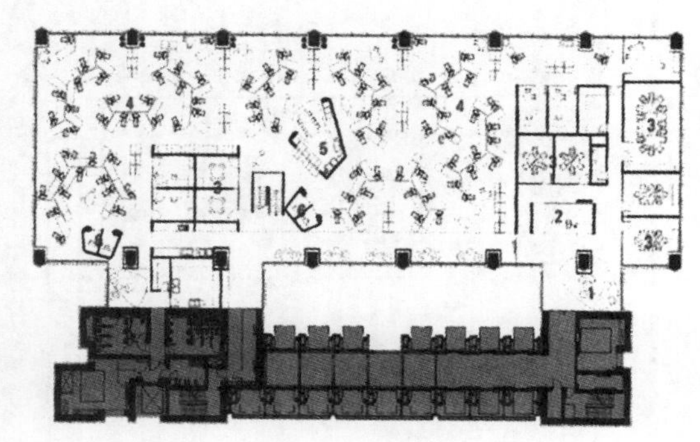

图 2-20 蜂巢型办公空间平面及实景图

## 2.2.2 密室型（Cell）

密室型是密闭式工作空间的典型，工作属性为高度自主，而且不需要和同事进行太多互动，例如大部分的会计师、律师等专业人士的办公空间采用这种形式（图 2-21）。

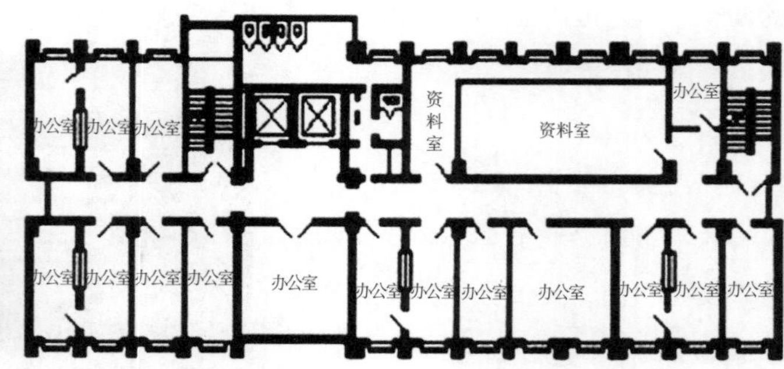


图 2-21 密室型办公空间

密室型员工办公室一般为个人或工作组共同使用，其布局应考虑按工作的程序来安排每位职员的位置及办公设备的放置，通道的合理安排是解决人员流动对办公产生干扰的关键。在员工较多、部门集中的大型办公空间内，一般设有多个封闭式员工办公室，其排列方式对整体空间形态产生较大影响。采用对称式和单侧排列式一般可以节约空间，便于按部门集中管理，空间井然有序但略显得呆板。

## 2.2.3　鸡窝型（Den）

鸡窝型适用于一个团队在开敞式空间共同工作，互动性高，便于交流，但不见得属于高度自主性工作，例如设计师、保险处理和一些媒体工作（图 2–22)。

1.入口
2.信息台
3.会议室
4.经理室
5.办公室
6.办公区
7.接待区

图 2–22　鸡窝型办公空间

随着计算机等办公设备的日益普及，许多办公室利用现代建筑的大开间空间，选用一些可以互换、拆卸的，与计算机、传真机、打印机等设备紧密组合的，符合模数的办公家具单元分隔出空间（图 2–23)。

图 2–23　办公家具分隔空间

这种设计可将工作单元与办公人员有机结合，形成个人办公的工作站形式。并可设置一些低的隔断，使个人办公具有私密性，在人站立起来时又不障碍视线。还可以在办公单元之间设置一些必要的休息和会谈空间，供员工之间相互交流。

## 2.2.4　俱乐部型（Club）

这类办公室适合必须独立工作、但也需要和同事频繁互动的工作。同事间是以共用办公桌的方式分享空间，没有一致的上下班时间，办公地点可能在顾客的办公室、可能在家里，也可能在出差的地点。

广告公司、媒体、资讯公司和一部分的管理顾问公司都已经使用这种办公方式。俱乐部型的办公室空间设计最引起注目，部分原因是这类办公室促使充满创意的设计因此诞生，但是设计师领先时代的创意在考验上班族的适应度。这类办公空间没有单独的办公室，各个都以目标用途进行设计，例如有沙发的“起居间”、咖啡屋等（图 2–24)。

图 2–24　俱乐部型、家居型的办公空间

以红牛集团办公楼四层的休闲区为例，其创意是企业文化和精神的浓缩，也是企业管理人性化的体现。在四层的中央区域，连接四层、五层以及四层的办公区、商洽区的一个重要设施是并列的一个悬梯和滑梯。其目的是表达自由的运动方式，使人们在这个空间里

有更多的自由体验，同时在繁忙的工作之余，员工也可以像儿童那样在滑梯上自由地玩耍、休息，达到精神的放松。这无疑是整座办公楼里最具创新性的、大胆而又受欢迎的设计亮点（图 2–25）。休闲区五颜六色的设施相应地也更加舒适、美观，具有人性化特点（图 2–26）。

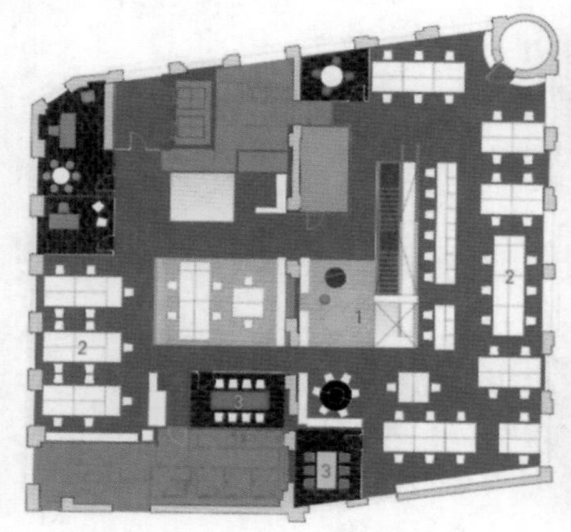

图 2–25　红牛集团办公楼创新、大胆的设计

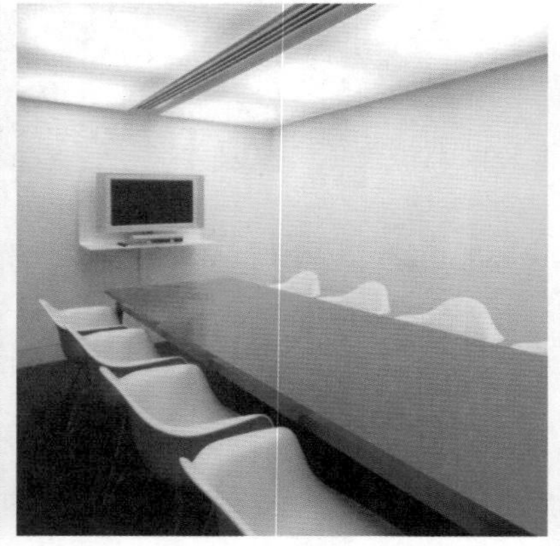
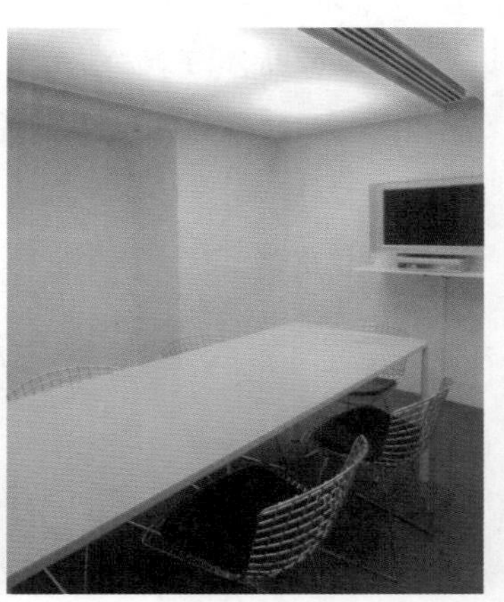

图 2–26　休闲区五颜六色的设施

# 2.3　不同功能办公空间类型

在一定程度上，办公室是职业人士的第二个家，无论是公司还是个人，在心理上都希望办公空间不仅要环境舒适，而且要工作高效。事实上，什么样的公司文化决定了这个公司会选择和创造什么样的商务办公空间，人性化的、创造型的公司决不能容忍平庸的、大众化的商务办公环境。越来越多的写字楼使用者也已经意识到写字楼的软环境对公司团队必不可少的作用。不同企业具有不同的特点，对办公空间自然也具有特殊的要求。

## 2.3.1　高科技及网络公司

高科技及网络公司主要以信息技术为核心经营范围，涵盖范围较广。由于经营的是高科技产品，工作者主要为年轻人，员工们都是非常有创新意识的，也是个性比较随意的一个群体。整个办公楼形象就是另一种感觉。设计理念需要的是科技感、时尚感、时代感和休闲感。同时不仅要求他们掌握专业知识，还要求他们具有良好的沟通能力、创新的思维方式，因此办公空间设计力求为员工提供最佳的沟通环境，最大限度地启发他们的创新思维。如 IBM、摩托罗拉等世界 500 强企业的办公室，以往印象中灰色调大开间的办公空间发生了巨大变化，这些公司非常重视办公空间的设计和装修、空间分隔、材料使用、灯光效果、色彩运用及家具选择。

#### 2.3.1.1　设计特点

（1）高科技及网络公司办公空间设计首先保证使用功能和工作效率，对机电、空调、弱电系统等基础设施的铺设尤为关注。注重实用性，各类插座、网线、电话线端口配备要合理，完全满足员工使用便捷的需要，以帮助提高工作效率。

（2）高科技及网络公司中资源的共享成为提升工作效率的重要议题。因而办公环境空间的规划，办公空间内的休闲将突破传统的“办公室 + 公共走廊”的空间模式，提倡开敞式办公环境，从封闭及注重个人隐私走向开放和互动。交流度高、富于弹性的平面规划设计将成为时势所趋。

（3）办公空间设计体现人性化及休闲性至关重要。它强调更大程度地提供给大家商务共享空间，使办公空间趋于模糊化，在倡导交流沟通的基础上提高工作效率，将工作融入休闲中，“在放松的环境里快乐地工作”，这种新型的办公空间设计理念被越来越多的人所接受。

人文环境使得员工备感舒适。一些新事物，如健身房、游戏室、休闲厅甚至篮球场等功能性空间被运用于工作环境中，使办公室内开始有了生活化的元素。办公场所的舒适性在不断提高，设计也越来越人性化。一些企业甚至将为员工提供一个轻松愉悦的工作环境当成吸引和留住优秀人才的重要手段之一。设计出具有企业个性的办公空间，已成为目前各公司在规划办公场地时最常见的要求。

（4）写字楼办公不仅注重外部的环境景观，在内部的办公空间中也广泛引入绿色景观，形成健康环保的办公空间，设计也会比较具有针对性，兼顾办公、会议、休闲、培训等功能，市场需求的层次越来越清晰。

#### 2.3.1.2　设计原则及方法

（1）对于一些设计小组、研发团队等常进行团队小组式工作的人群来说，办公空间通常为开放空间或独立的组群房间，每个人有固定的工作桌和电脑，复印机及其他办公设备则共享，其中还包含共用的洽谈桌或会议桌等讨论空间。

（2）办公空间的最大特点是公共化，这个空间要照顾到多个员工的审美需要和功能要求。

1）团队空间。把办公空间分为多个团队（3 ~ 6 人）区域，团队可以自行安排将它和别的团队区别开来的公共空间用于开会、存放资料等，按照成员间的交流与工作需要安排个人空间；精心设计公共空间。

2）公共空间。目前有一些办公空间，公共部分较小，从电梯一上来就进入大堂和办公室，缺乏转化的过程。一个良好的设计必须要有一种空间的过渡，不能只有过道走廊，必须要有环境，要有一个从公共空间过渡到私属空间的过程。当然有些客户会觉得这样是不是很浪费，其实这完全是另一个概念。比如可以把电梯门口部分设计为会客厅或者洽谈室，同样是实现公共空间和私属空间的一个分隔，形成不同的节奏。

作为公共空间，不仅要有会议室等正式的公共空间，还要有非正式的公共空间，如舒适的茶水间、刻意空出的角落等。非正式的公共空间可以让员工自然地互相碰面，其不经意中聊出来的点子常常超出一本正经的会议，同时也使员工间的交流得以加强；同时办公空间要赋予员工以自主权，使其可以自由地装扮其个人空间。

（3）写字楼的空间设计还必须注意平面空间的实用率，这也正是很多使用者非常关心的问题。项目所提供的实用率水平，包括柱的位置、柱外的空间。一般来说，方形或者长方形的写字楼是比较好用的。另外，由电梯、消防、卫生间等设施构成的核心筒在整个平面中的大小，以及核心筒和外墙的距离，都决定着写字楼的内部空间实用率（超高层达到70% 就比较好）。所以设计时必须科学考虑洗手间、电梯等配套设施构成的辅助空间是否能满足使用需求。另外，电机、空调等设备的选用，对核心筒的设计乃至内部空间的实用率有直接的影响。

而对于使用者来说，对平面空间的使用应该有一定的预想，以发展的眼光来看待自身商务办公功能、规模的变化。在装修过程中，尽量对空间采取灵活的分割，对柱的位置、柱外空间要有明确的认识和使用目的。

图 2-27 办公楼

#### 2.3.1.3 案例

1. 微软公司

微软公司崇尚“平等”。“平等”体现在所有员工办公室大小样式完全一致。普通员工如果先到公司，也可以坐在窗外有风景的房间，VIP 级人物后来的也要坐在没有窗户的房间。办公室内自己随意布置，一般都有家庭的照片摆放在窗台上，门上写着员工的名字。

微软总部共有 2 万余名员工，按不同的职能分布在 110 座办公楼中。每座办公楼均为三、四层的小楼（图 2-27），比尔・盖茨与所有员工一样，在同样大小的办公室办公。

微软园区的楼房别具匠心，X 形办公楼是微软 Redmond 园区最早的一批建筑物，这样的建筑先建了 4 幢，后来又建了 2 幢，保证每间办公室都有充足的阳光，凭窗眺望，满目青翠。以后的楼房不一定是 X 形，但是修建的原则都是一样的：最大限度地满足采光。于是，一幢幢造型怪异的楼房在园区里拔地而起。如图 2-28 所示，办公楼的采光都非常好。

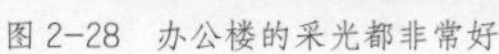

图 2-28 办公楼的采光都非常好

微软的接待厅设计简洁大方，有些会议室室内设计的像宇宙空间，有些是微机测试室（图 2-29 ~ 图 2-31）。园区有一处很大的员工餐厅，那里可容纳 800 人同时用餐（图 2-32）。园区内还有运动场，员工运动俱乐部就在园区边上。园区附近还有大量的员工公寓楼、著名的 Sears 百货公司的分店，员工生活所涉及的一切，园区基本上都考虑到了。园区内还有微软图书馆、微软博物馆和微软专用商店。微软园区静谧，像大学校园，风景非常漂亮，有大片的草坪和成排的树林，景色优美（图 2-33）。

图 2-29　接待台

图 2-30　会议室

图 2-31　微机室

图 2-32　员工餐厅

图 2-33　环境优美的微软园区

2. 淘宝网站办公室

淘宝网的工作室强调了 e 时代办公样式的环境个性，整体建筑布局简约流畅、时尚张扬。设计师将淘宝网的企业文化很好地融入了设计中，无论是色彩丰富的竖向线条、工作室的玻璃幕墙造型，还是充满太空金属感的会议室等，都简洁地表现了网络产业的科技感和现代感（图 2-34）。

充满动感和生命力的工作室

印刻着淘宝网或支付宝网址的大幅玻璃窗

弧线造型的接待台

图 2-34 淘宝网站办公室

进入淘宝网的接待大厅，最醒目的就是圆柱形的接待台，黑漆漆的露孔材质带着优雅的弧度，就好似一艘充满了新奇感的太空船。“淘宝网”和“支付宝”几个大字醒目而又充满活力。整个工作室的墙面及顶部都采用了线条形的橙色、黑色和白色做装饰，丰富而又饱满的色彩点缀在深灰色地面中，产生着跳跃感，加强了建筑的挺拔感和立体感。富有流动感的造型线条以水平和垂直方向展开，丰富了空间的形象，使工作室充满了运动感和生命力。

淘宝网的工作室被设计成一间间独立的小办公室，靠走廊的门及墙面均采用整幅落地玻璃间墙，透明的玻璃上以简朴的线条密密麻麻地印刻着淘宝网或支付宝的网址，使大幅玻璃墙没有平淡感。白色的墙面上用黑色的粗线条印画着抽象的画面，使得整幅墙面不至于呆板，也凸显了淘宝网活跃的个性。会议室的设计格调基本延续了接待台的风格，半圆形的弧线造型极具智能时代感，体积感强，也延伸了视觉线。

3. 雅虎中国工作室

设计师在构成设计上运用了多边形和长方形两种几何图形在空间中相互穿插，造型手法极具现代感，力图通过几何图形的变化和轴线的灵活运用，创造出一个具有独特肌理的创意空间。同时通过建筑空间尺度的塑造，以半开敞式的空间，在不同围合空间的工作室里，采用不同的设计来体现不同的主题（图 2-35）。

接待处

办公室和会议室都被设计成灵气四动、长方体的几何体

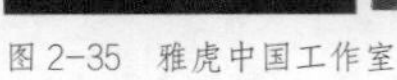

图 2-35 雅虎中国工作室

雅虎中国工作室采用的是自由灵动的格局，大量运用了弧形曲线元素，使内部平面结构整体呈不规则形状。整个办公区除开放式的会议休闲区之外，其他办公室和会议室都被设计成灵气四动、长方体的几何体。设计师充分利用现代建材、结构，表现简洁、通透，用鲜艳的红色、张扬的阿拉伯数字来寻求整个构图的韵律与灵动性，用圆滑的弧度表现出严肃的几何图形，独具特色的造型，令这个空间显得明快而又活跃。工作室的照明设施也被设计成了长方体，随意地斜跨在房顶上，更好地搭配了几何体的设计。工作室吊顶的设计也随着空间形式、办公家具的改变而变化多端。

4.Another.com 网络公司

Another.com 是英国新成立的为个人提供电子邮箱地址的服务网络公司，诺维卡・斯特恩为该公司设计的基本主题是“冲浪和草坪”（图 2-36）。该公司位于伦敦市肯特郡镇的一个敞开式布局的大型批发市场里。这是一个供 40 位员工使用的办公室，其主体环境设施就是位于建筑中心的草坪。该草坪是经过人工整修的天然草坪，由园丁每两个星期整修一次，夜间通过紫外线灯光照射，并且有一个设计精巧的灌溉系统，可以直接把水灌溉到根部，从而使地面时刻保持干燥。青草的芳香、清新和湿气弥漫整个办公室。在不透明的轻质墙壁遮挡下，员工们不仅可以在草坪上开会，还可以在草坪上办公和聚餐。当人们来到接待区的时候，就会意识到该公司的不同寻常之处：会议开始之前，他们可以坐在秋千上等待。在草坪的两侧分布着 40 个计算机办公室，每 10 个分成一组。该公司不同的职责区域分布在 4 个小组中。大型工作台的结构灵活方便，以适应信息技术工作的要求，它的多层表面结构易于连接各种线路。线槽环绕天花板布置，可以将办公室内的各个设施连接在一起。

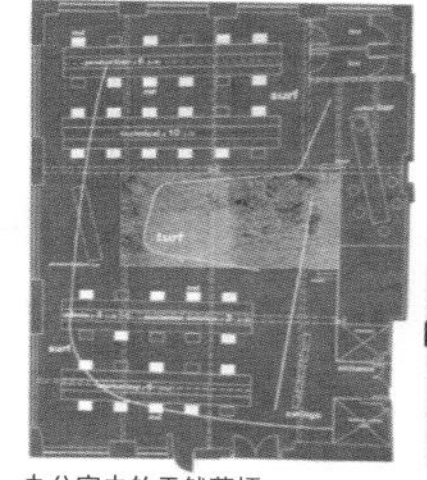

办公室中的天然草坪

效果图

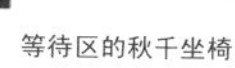

等待区的秋千坐椅

室内细部

图 2-36　Another.com 网络公司

不仅高科技及网络公司能够迅速验证这些符合员工利益的非传统的设计概念，很多其他的公司同样可以照做。通过为 Another.com 公司所做的设计，诺维卡・斯特恩给我们带来了一种简单的逻辑操作概念，并且通过把真实的草坪融入公司里，为网络工作的办公环境创造了一种很有氛围的有效参照物。

5. 旧金山某公司

由于有了先进的办公区，公司员工在使用笔记本电脑的时候变得更加便捷。员工可以根据自己的要求重新安排自己的工作。因为在办公区的任何地方，都有数据线的接口。每一张办公桌都有独立的显示屏。办公区的其他元素还包括一个两层楼高的植物墙，刚好在东边窗户的前面。桶形的储藏间用来存放自行车。此外还有饭桌以及会议用餐桌。精心布置的宴会桌，不但提供了更多的座位而且还充满了轻松、宁静的氛围(图 2-37)。

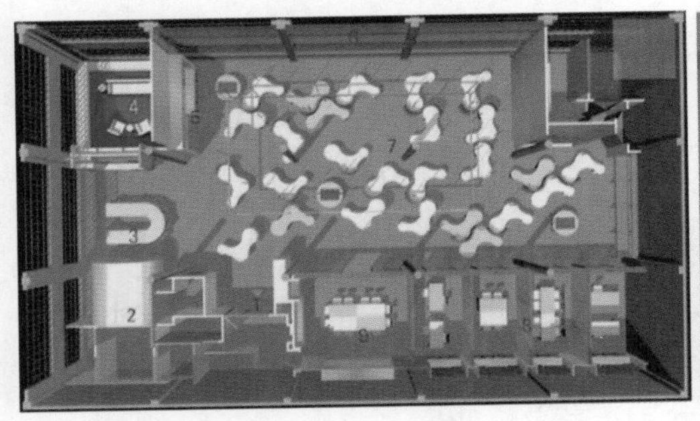

平面布置

办公区域

特色鲜明的植物墙

阅览室

餐厅

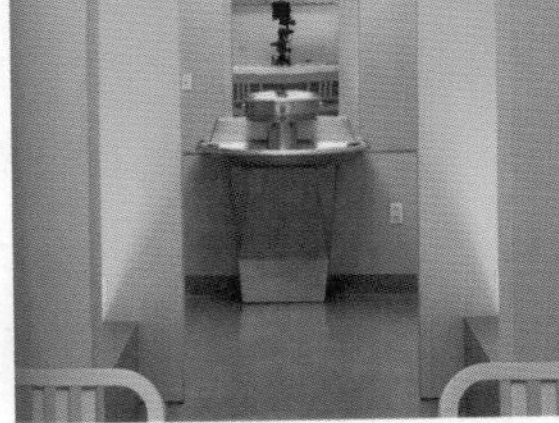

洗手间

图 2-37 旧金山某公司

## 2.3.2 金融服务办公楼

这里以银行的办公空间为例进行说明。

### 2.3.2.1 当代银行装饰发展的历史

20 世纪 50—80 年代，我国的五大银行(中国工商银行、中国农业银行、中国银行、中国建设银行、中国交通银行)由于受到当时条件的局限，装饰简单、落后，只要求满足一般的功能要求，不强调、不重视材料的选用、色彩的搭配，设计缺乏美感。通常布局是一样的，一进门就是长长的柜台，柜台面用不锈钢隔断，就像一个豪华的铁笼把工作人员关在一起。银行外部的建筑造型简单，通常是几个简单的金属字标识，时间一长金属字颜色褪落，显得非常不协调。

从 20 世纪 90 年代到 21 世纪的今天，随着改革的深入，银行的营业网点如雨后春笋般涌现。中国的银行体制开始发生根本的变化，国有银行各管一方的局面开始瓦解，“中行出洋，建行破墙，工行下乡，农行进城”，银行间为了吸引更多的客户，互抢跑道，开辟新的经营品种，跨范围经营。地方性的招商银行、中信银行、光大银行、民生银行等其他体制的银行也相继成立，银行业出现前所未有的激烈竞争。银行竞争的白热化驱使企业不断改善服务的软件和硬件。装修是体现银行形象和服务环境的重要硬件，因而日益受到重视。银行之间不惜重金装修的攀比之风日盛，银行的竞争带动了银行装修的竞争。

现代科技改变了银行的观念，冲击了传统的银行工作模式，给银行业带来一场革命。例如原来银行计算使用的算盘已被集高速运算、文件储存、远距离查询等先进功能于一体的电脑所替代。高科技设备的应用要求在银行设计时需考虑电脑主机的安置空间和电脑终端机的操作空间，电脑房和电脑台随之产生。这些设备对防尘、防静电、防停电，以及地面走线等有特殊要求。另外安全、轻便的提款卡、信用卡的启用正逐步取代现金交易，实现一卡走遍天下，所以在设计营业厅时需考虑ATM自动取款机的安置要求，在外墙上还需考虑穿墙式ATM机的设置位置。信用卡的发展，使柜台交易量相应减少，营业厅的空间布局随即发生变化。还有现代的监控系统替代了原来的经济警察，我们在设计时就需考虑监控设备空间位置的设置和监控探头的方位等。所以说现代科技的发展更新了银行设计的观念。

### 2.3.2.2　银行设计的特点

银行设计讲求一个稳重的形象，要根据使用者的气质来做一个配合；对于银行、财务及行政人员和客服中心等公司，属于例行性、重复性高而个人积极性极低的工作形态，朝九晚五。办公室宜采用开放形态，自律性及互动性小，属于比较传统的办公室规划。目前这类办公室加强了现代通信设备的运用，使工作进行更加便捷有效。从服务人的角度，体现人性化。突出形象个性化。服务设施更舒适化，兼具美观化。

### 2.3.2.3　银行设计的原则及基本内容

银行一般由营业厅、自助银行、普通办公室、行政办公室、接待室、会议室、行长室及其他功能空间等基本区域组成。设计的原则必须做到功能分布合理，与周围的环境相适应，突出现代、统一、稳健、严谨，运用视觉设计手段和先进材料与科学施工技术相结合，打造完善的建筑结构和感观效果，使之成为该地域的建筑亮点与装饰典范。设计需与银行统一的视觉识别系统相协调，追求形式上的互补和精神内容上的一致。坚持整体规划，充分考虑设计的延续性和时效性，合理地对各个功能区域进行艺术化、功能化，把握科学性、安全性、实用性、人性化相结合的设计原则。

（1）营业大厅是银行运营的主要功能场所，是银行与顾客接触的第一空间，也是银行展示自身的主要窗口。设计时须考虑宽敞的顾客空间，安排休息椅、填单台、利率牌，营业柜内须考虑工作人员操作空间的安全、舒适，使工作便利从而提高效率。营业厅的光线要明亮，色调要稳重高雅，材料要耐磨易清洁。要考虑方便客户使用设备，应设立咨询服务台，安排休息椅和饮水机，设置叫号系统，方便客户。柜台趋向改为接待台，变沟壑式服务为座谈式服务，配上轻柔的背景音乐，营造轻松随和的内部环境，体现平等、亲切的人性化设计。

（2）自助银行的设计应具创新性和现代气派，最好与周围环境相吻合。内部环境要让客户舒适、满意。除了外在标志设计要简洁、醒目、清晰外，内部应通过装饰材料、灯光、色彩等的设计来达到这一目的。在进行自助银行的设计时应充分考虑所在地的社会治安、人文环境，以及自助银行24小时营业、自动值守等特点，既要保证银行设备和资金的安全，又要保证自助银行内客户的安全。通常自助银行橱窗采用防弹玻璃，入口采用门禁系统，用户须刷卡入内。安装闭路电视监控系统，保障自助银行和客户的安全。安装防火感应器，当自助银行内出现意外时能自动采取补救措施，并及时报警或通报银行控制中心。办公室一般分为普通办公室和行政办公室两类。行政办公室设在与行长室相邻的区域。

（3）办公室的设计应简洁、明亮、经济、实用，体现企业的管理水平。在选料上应尽量简单，光线要明亮，色调要明快，形式简洁，办公桌需隔断，避免人员互相干扰，部门通常以开敞式的大开间布置。财务室需配置独立封闭的票据资料室，其他办公室可视位置的许可设立独立或公共的资料室、档案室。司机办公室还应配一休息室，能让司机休息，保证行车安全。

（4）接待室设在办公区域的公共空间，让各部门共同使用。一些特殊的位置，例如行长室、信贷科等可单独设立。现代设计将接待室布置成具有会客、洽谈、休闲娱乐等多功能的室内空间，将客户变为朋友，让客户在轻松、愉悦的气氛中洽谈。根据银行规模的大小和需要可设立多个接待室，接待室形式可多样，可安置电视、音响、冰柜等满足各种需要。

（5）会议室最好紧邻行长室，便于行长召开行政会议或与客户洽谈业务。根据银行的条件和需要，可设多个规模不一的会议室。譬如可设一个多功能大会议室，也可设放有圆形或椭圆形会议桌的中型会议室，还可设形式多样的小型会议室。除多功能会议室外，普通会议室设计宜简洁、明亮，能集中开会者的注意力，提高会议效率。多功能大会议室墙面宜用吸音材料，地面要耐磨，设计形式应区别于娱乐场所，宜简洁。家具布置宜采用活动家具为主，还可根据需要设置折叠式活动隔断，使空间灵活变化，功能更丰富多变。大会议室可安置投影设备、音响设施，通常还需配置一个音控室，以保证会议的质量和功能。

（6）行长室区域可分正行长、副行长、秘书等室内空间。行长室的设计应高雅、大度、气派、环境安静，以体现银行领导的形象。为确保行长的工作不受干扰，进入行长室前需经过秘书处，让秘书来安排和行长的会见，协助行长处理一部分的工作事务。若空间条件许可，行长室可设置独立的休息室，除保证行长的休息外也方便了行长穿着服饰的更换。在家具布置方面，行长室一般需要布置一套独立的沙发群，用来会见一些重要的客户和进行一些内部的洽谈。

（7）其他功能空间主要有配电房、空调机房、电脑房、监控室、票据存放室、员工餐厅、金库、健身活动中心等，这些区域都有它们各自的设计特点。其中电脑房是放置电脑主机设备的工作空间，要求环境安静、明亮、防尘、抗静电，地面一般采用活动架空地板，以便设备管线的敷设和移位。电脑房还须配备 UPS 等防停电装置，以防断电给银行带来的损失。票据存放室和金库的装修要求不高，但防火、防盗和湿度控制要求极高。金库内防火必须采用二氧化碳等干式灭火设施，安装防爆灯具，墙身和地面须设置钢筋混凝土和厚钢板，所有通风、排气管井须加装钢筋防护网。出入金库通常须经前室，有严格的保安要求，内部应设对外直线电话、消防器材和防盗报警器。职工餐厅宜明亮洁净，易于清理，有些银行还配备厨房，为职工提供用餐服务。健身活动中心地面宜经得起金属的磨损和撞击，墙面一般设大玻璃镜子，整体色调宜轻快而有动感。

以上介绍的只是一般银行的装修原则，因银行规模、体制的不同，功能空间布置势必存在一定的差异。

现代科技的发展更新了银行设计的观念。银行由原来单一功能模式发展至多功能模式。舒适的布局摆设、优雅的景观设计、良好的服务意识，充分体现了人性化的服务空间，创造了内置式的环境氛围。随着社会的发展和进步，银行这样的金融机构，其空间设计应更体现智能化、人性化的设计理念，这是银行未来装饰发展的趋势。

### 2.3.2.4　银行设计实例分析

1. 中国银行总部

中国银行总部（图 2-38）主要的设计原则就是最大程度地利用空间和增加阳光可照射到的面积。中庭之中有室内园林，通过略微简化的形式，山水草木所表现的大自然的和谐和充分反映了富有中国传统的人与自然之间的紧密关系。地面铺设凝灰石和喷雾花岗岩拼成的矩形嵌板，其与众不同的图形宛若彩云，令人不禁想起中国传统山水画。中庭的格窗与四周办公室的冲压窗户交相呼应，使墙壁与地板之间产生一种总体连续性和一气呵成的感觉。

建筑外景

中庭及大堂空间

室内景观

采光顶设计

图 2-38　中国银行总部

花园的重心是一组岩石，经过贝聿铭建筑事务所的建筑师细心安置，每块岩石彼此互相平衡，将岩石的雕塑效果发挥到极致。岩石的摆放并不呈对称，这样人们的眼光会不由自主地落在中央那块最主要的岩石上，而这块岩石本身就是石林的象征。

坚实牢固的岩石与岩石四周的柔水形成鲜明的对照。水深 4.5m 的池塘清澈透明，天窗的倒影在水中不断变化，给花园增添了立体感。水中游动的金鱼既是传统上幸运的象征，又增添了不少情趣和动感。

花园之中有一道 15m 高的毛竹构成的天然屏障。竹子的产地为江南美丽如画的杭州，这些普通的竹子往往是从一个竹根长出许多根竹子，而中庭的巨竹却是单竹独根（是草更似树）挺拔地矗立在花园里。日光穿过柔软的竹叶散射下来。那些成对的月窗给花园增添了层次和间隔，人们可以从四周的走道一窥中国园林之精华。

中庭的天窗离地面 50m，天窗的玻璃夹在三维桁架的框架中间。由于玻璃透明和没有使用遮阳罩，尽管北京常常阴天，天窗仍然可以最大限度地起到采光作用。夜幕降临时，大厦的各个窗口散发出光亮，就像一盏盏灯笼。

营业大厅的设计展现了中国银行的外向型、国际化的业务走向。为了发挥中庭的作用并展现银行营业的场面，两个营业大厅分列在正门的两侧，两个楼翼相连接的地方。两个大厅由一个圆形采光井连在一起，又分别直通中庭。设计师特意将营业大厅放在不同的楼层以利保卫，采用了无门、开放、安全的新思路。

较高楼层的银行营业在一个正方形、直冲天窗的凹区进行，给人以失重感，又抵消了巨大的墙壁造成的压迫感。大厅的四周是用不锈钢索吊住的照明灯，照亮了与下面一个楼层连接的圆形开口四周的盆栽。这个光圈不仅是枝形吊灯，而且更像一个生气勃勃的雕塑，给上下两个营业大厅的空地增添了生机和中心。吊灯是由贝聿铭建筑事务所设计，在澳大利亚制作的，其设计灵感来自那些数以百万计每天穿梭于北京街头的自行车车轮。

2. 德国柏林 DZ 银行

尽管 Pariser 广场有严格苛刻的设计法规，其中不乏有历史因素，这些法规规定了建筑物正面使用的建材种类、屋檐的高度和窗户的比例，要求相当严格，但是建筑师还是找到了体现时尚的方案。落地窗和石墙勾勒出房间的宽度，同时也赋予大楼宽敞和典雅的形象。朴素的意大利沙石外墙和无框玻璃构成大楼内部欣赏外面美景的帷幕。置于中庭的雕塑是设计师弗兰克·盖里的典型风格，周围是正方形的简洁朴素的外墙，墙上是邻近的办公室窗户。网状的拱形玻璃结构将 5 层高的大楼内部罩在

DZ 银行外观

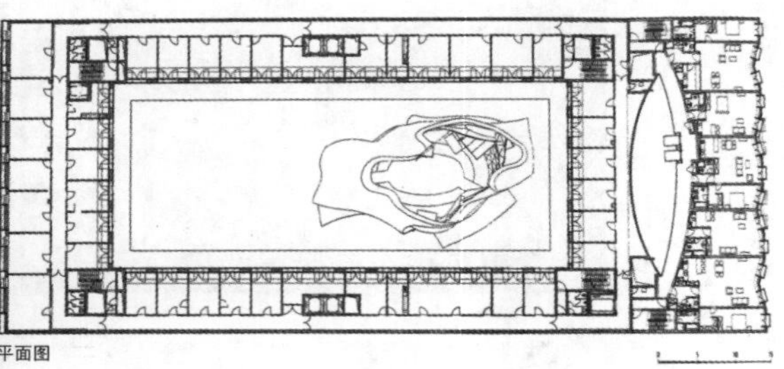

平面图

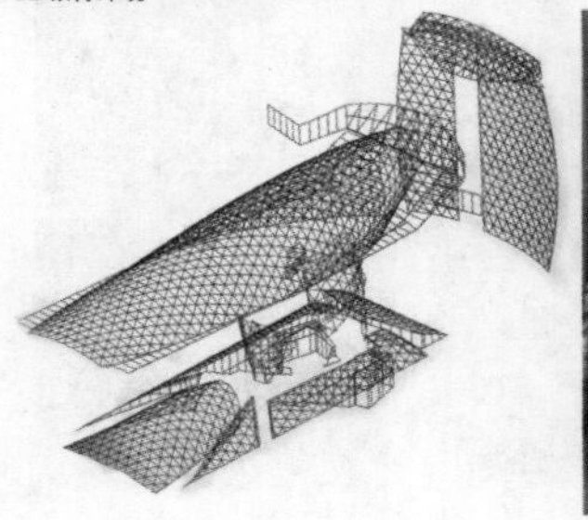

镶嵌着不锈钢板的生物形态的会议室

图 2-39 德国柏林 DZ 银行

一起，形成屋顶和地板结构；透过玻璃墙清晰可见铺着红色地毯的“大厅”，两条弯弯曲曲的人行道一直延伸到大楼内引人注目的高处，即镶嵌着不锈钢板的生物形态的会议室（图2-39）。

这座新的办公大楼的独具匠心之处在于它的一处创新设计，就是允许公众进入银行大楼内部，这与银行业内通常的安全要求正好相反。柏林 DZ 银行作为德国的中央银行，其业务已经延伸到向个人提供银行服务的范围之外。中庭的特别房间时而出租缓解了与公众接触较少的状况。这些房间被布置成会议室，配有尖端的数码技术，还为口译人员准备了专门的小房间，还有娱乐场，这一切为举办国际会议、商业大会和招待会这些职场聚会增添了商业魅力。电视转播利用这些引人入胜的房间进行每周一轮的讨论。通过媒体的介入，建筑物成了一种广告媒介。

3. 大众银行大西洋总部

在法国南特市郊区交织着环城公路的区块上，新的大众银行总部（图 2-40）通过其独特、简洁流畅的外部造型与标志性的颜色，在白天显得格外的醒目；而在夜晚，从中庭放射出的光芒使整个建筑显得缤纷多彩，晶莹透亮。传统的建筑主立面不复存在，取而代之的是由景观停车场旁的一个宽阔的、由几何图案装饰的广场引导人们通往建筑物入口。

建筑外观

走廊

中庭

中庭

图 2-40　大众银行大西洋总部

建筑师在光线充足的内部中庭与建筑物双层外墙之间配置了 7500$m^2$ 的工作空间。它们分布在三个楼层上，并且形成连续的同心环状格局，其空间分隔可根据工作内容的发展需要而灵活改变。建筑师将技术服务空间集中配置在走道空间相连的塔状体量里，配合高效能的结构与能源配送管路设计，使封闭式、半开敞式或全开敞式等不同类型的办公空间布局都能有效利用，体现了业主提高工作环境质量与效率的意愿。

创造恒常流畅的空间是本方案中建筑师所特别强调的设计重点。他借助若干设计元素来点明这个设计概念：采用不同颜色的石材拼凑成富含韵律感的几何图案来覆盖大厅接待处的地面，以大波浪式彩色图案使空中走廊的铺地充满动感，在地下层的岩洞中央栽种了一片姿态修长的绿竹林，并在四座内部塔楼表面覆盖灰色的金属网线和乳白色织布。

## 2.3.3 广告传媒公司

### 2.3.3.1 设计特点

（1）广告公司室内设计首先要传达公司的企业文化，这成为商业空间设计者首要考虑的问题。设计师需要较好地阐释企业文化理念。 公司应特别强调的是公司的团队精神及淡化公司员工的等级观念，注重的是协调和加强公司内部员工的人际沟通，并以此激发员工最佳的创造激情与工作热情。

（2）在空间设计上，对于服务于广告传媒公司的员工来说，许多是创意人员，常感觉到才思枯竭，希望和同事能方便地交流。但许多公司却采取的是单一的敞开式办公，大家在一个大的空间下工作，又没有专门的公用交流空间，如果员工之间说话肯定会影响到其他人员的工作，同时严重地影响到了自己的工作情绪和工作效率。

设计师所要考虑的绝不仅仅是突破传统所采用的密室型的办公空间分隔设计理念，而是如何真正为所有员工创造一个人性化的办公空间。广告公司人员较少，个人空间应该设计有充足的区域。世界上流行的一种俱乐部型空间分类，则比较适合那些具备开放性特点，对自由、随意、交流等要求较高的公司。这种类型同时兼具个人和团队合作、经常需要小组讨论的工作，而且工作时间长，地点也不限，因此，办公空间可以根据不同的任务编组作调整，采用分享式的规划观念。在这一形态中，个人座位并不固定，但注重私密性，使个人工作时不受干扰。会谈区可以容纳少数或多数人共同讨论，而且这类会谈区并不仅仅限定在会议室等固定区域，当个人遇到某种问题，可以在吧台、用餐区或者舒服的沙发上进行讨论，可以更好地满足广告、媒体、公关、网络、管理顾问等公司以及各类公司的创意部门的需要。设计时区域划分要容纳总经理办公室、会议室、客户接待室、设计室、摄影室等功能。

（3）广告公司的办公空间必须营造出具有创作氛围的空间。空间设计应该让公司员工和业主都能感受到设计的灵感，让公司客户直接参与到创作中来，让他们为自己所做的一切而感到心动。在“灵感”的作用下，该办公室的工作方式与空间形式得到创新，员工在自由与具有创意的环境中交流与沟通。客户就像老朋友一样与创作人员在办公室休闲区内喝啤酒、谈市场、讲创作、听音乐。创作不是无中生有，应该符合人的心理、生理需求与现实规律，这样它才有了生命力。员工的个性、思维、意念、兴趣与社会的需求能达成共识，产生价值。这是员工、老板、客户都需要的。创造力对于一个公司来说是重要的，而培养员工去热爱生活，享受工作，从而提高创造力尤为重要。让他们在自由的空间里寻找价值。

（4）色彩设计尽可能大胆，色彩上表达时尚感、活跃感，表达公司的创造力和活力。如选用色彩丰富的休闲区与冷调的区域形成一个对比分明的、大的开放空间，员工能在冷调中沉着自我，冷静地解决问题，在浪漫色彩中尽情开拓，进行思维碰击。整个办公场所中可以点缀艺术品、广告经典作品，以及有关社会热点话题的报纸、流行杂志、电影海报、周末餐饮市场优惠行情等。

### 2.3.3.2 设计实例

1. 光线传媒

光线传媒的办公空间设计风格与其他办公空间的风格迥然不同，以公司的文化理念为设计的基础，强调效率和人文环境的平衡，强调紧张与放松的统一，因而形成了多样性和个性化、倡导新时尚的办公空间，整体设计前卫、大胆、张扬，强调了视觉的冲击感（图2-41）。

图 2-41　光线传媒办公空间设计

从踏进工作室的那一刻起，五彩缤纷的色彩就牢牢地抓住了眼球。整个墙体通过几十种张扬的色彩和银灰色的金属被固定在一起，跃动的色彩在银灰色的基调中闪耀，纵向的延伸感更是特别强调了空间的高度，令空间充满着律动的节奏感。如此多的色彩使得该建筑的每个部分都显得独一无二、与众不同，绝对不会给人造成无聊的视觉印象。

整体的建筑风格处理简洁，富有时代的建筑空间特征，设计方法有条理，节奏对比强烈：挺拔宏大的楼身、宽敞通透的大厅和回廊融和得天衣无缝；白色的休闲椅与黑色的钢琴漆搭配得相得益彰，充满现代感的大幅玻璃和朴素古朴的木制地板与家具对比强烈。

设计师更是独具匠心地将造型、功能与结构协调统一在设计中，充分考虑造型与功能的有机结合。从使用功能和结构要求考虑，将整个工作室划分为办公区、会议室、休闲区、接待区等不同的区域。

在楼梯的造型上也形成了视觉中心，时而曲折向上，时而蜿蜒向前，时而又盘旋而上。整个设计极具现代感和时尚感。

2. 广告代理商 Kirshenbaum Bond & Partners West

广告代理商 Kirshenbaum Bond & Partners West(KBP West) 的办公区的焦点位置应该是它的三翼式会议室。整个结构有 4 间会议室，每一间都有各自独特的规划设计，运用的材料也不相同。密封隔音的折叠门分隔出的 4 个会议室，可以通过折叠门的打开合并成 2 间大会议厅。办公区的中央是绿色的像售货亭一样的会议电话区。另外，办公区还有一个小型的室内花园、一个 16 座的用餐台，以及一个连接一、二层楼的夹层阶梯会议室，用来举行全公司的集体会议（图 2-42）。

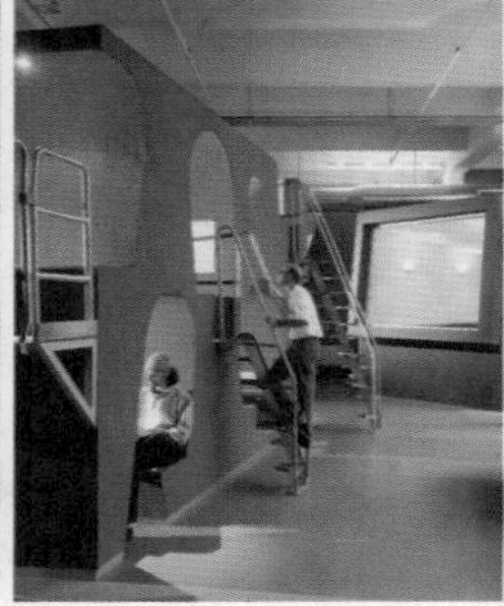

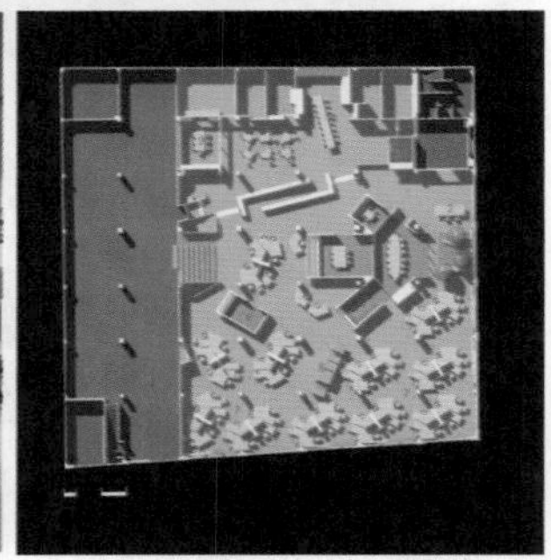

图 2-42 广告代理商 KBP West 的办公空间

3. 广告公司 TBWA

这家广告公司的标语是“创意工厂”，在租用的商用楼宇里创造了一个三层高的螺旋形楼梯，这为创造一个自由流动、动感十足的大厦奠定了完美的基础（图 2-43）。设计师们与团队共同研究每个领域之间的相互作用。设计师被要求提炼一个核心元素，前提是使用“图腾柱”以赐予公司的身份和实力。设计师的实施方案是利用一堆非对称的木箱，能各自转动且镶有数码屏幕，形成一种垂直中空、相通结合的元素，通过影像与声音来突显使用者的心情。沟通是广告公司运作的基本前提，因此所有与工作有关的物件均被设计成轮状，如桌子、椅子、文件柜、门以及会议室里的设备。

图 2-43 广告公司 TBWA 的办公空间

地板上没有多余的障碍物，在中央位置创建悬浮式信息栏，信息的支流传送到“主脑”，其位于中心区域的玻璃箱里。建筑师希望打造一个开放而畅通无阻的空间格局，以及设计隐蔽的文件柜，因此利用大厦四周的位置来添置储存空间，以方便员工存取物品。黑色的大门不仅很好地将文件柜隐藏起来，还可作为大黑板供人们在上面涂鸦。薄墙用超过 23000 个 CD 与 DVD 的盒子堆砌而成，这个由员工们自创的“集装箱”又称作“思考房 (Think Room)”、当这个地方被使用时，“Think Room”的字母便会亮起。在业主的协作和支持下，一幢结合了个人与团体创造力的独具特色的现代办公大楼终于修建成功。会议室做成了“盒子”形式，可自由开合的折叠门即可将两个空间合二为一，也可将空间轻易地分隔开来。在公司的露天平台上，有一些造型自由怪异的坐椅与茶几组成的休闲区域，给公司的设计创意人员带来无限的联想。

## 2.3.4　设计工作室和事务所

室内设计的根本意图决非仅仅是视觉性的、物质性的表现，而是对人类生存体验的表达，它具有个体与社会的双重性。设计工作室办公空间的设计，作为一种具有特性的场所塑造，应当包容集体意识与人性化环境等方面的多重思考，它应当成为富于效率的工作场所、设计个性及具有人性的生存环境的集中体现。

### 2.3.4.1　设计特点

（1）突出设计工作室的个性、创意空间并体现设计文化。工作室的室内设计非常重要的一点是体现与塑造工作室的文化与形象。工作室的个性创意空间是依靠整个工作机体的运作状态和洋溢于办公空间中的富于感染力的环境气氛来创造的，它来自于办公环境的综合品质，包括建筑空间的形态、家具的选择、色彩与灯光的配置等方面，创造一种富于生命力的活生生的现场感。因此设计中并不需要片面强调展示手法的创意，而是着眼于整体环境，思考展示手法的多样性与适应性。

（2）设计理念上应该导入“完全工作空间”的观念，所谓“完全工作空间”意味着办公空间的设计被视作一个完整的工作环境系统。它既包含着促进工作效率、展示设计文化的功能，又显示了对员工的社会性生活的尊重。而环境系统中各组成部分的相互联系有赖于工作人员的相互配合与信息交流的互动来构成。作为一种西方 20 世纪 90 年代提出的新的办公空间的设计理念，“完全工作空间”已被诸多案例所采用。比如工作、管理、休息、接待与会议等诸多功能被纳入一个完整的环境系统，并按照公司特有的工作流程得到有机的组织与安排。特别是公共休息、午餐等区域均得到了充分的重视与考虑。

（3）“小组工作形态”在设计中的运用。设计中可以将室内空间的划分与系统家具的组合，围绕小组工作模式进行，并强化了这一模式在室内空间及流线上的特点。此外工作空间中可设置若干公共性的交流场所，如讨论区、会客区及阅览室等，以增加员工公共交流的可能性，同时以室内功能区的相互重叠与交流来实现空间使用的高效性与流动性。另外，在设计中对办公空间的可发展性也应作出前瞻性的思考。

（4）在工作室空间设计中，室内环境的适应性设计策略同样为人所关注，并研究了一系列的方法。即自由开敞式办公空间与信息系统的网络化设置，两种方法得到了综合并加以灵活应用，以适应将来可能发生的空间形态的变化与拓展。

（5）工作室设计中可以表达一种人与室内环境在视觉效果上，甚至是精神体验上的互动，即所谓“真实的设计”，倡导一种人对室内效果的真实感受，无论是视觉的还是心理的，但必须是真实的触动。这一理念在设计中应体现为用简约式设计语言来表达形态上的构成关系，以较强烈的色彩变化及丰富的质感对比来完成空间关系的界定，同时表达人与物质环境在视觉与心理上的互动。

对于更注重个人行为的思考型企业或个人，比如设计师、会计师、律师、电脑工程师及公司管理层，就应该创造较为个人化的独立工作空间，适合个人化的、专注的及较少互动性的工作，而且工作时间及地点较不规律。这种办公室应具有独立的单间，或是在开放空间中有较高的办公隔间，其中各种办公功能齐全，使个人工作时不受干扰。

### 2.3.4.2 设计实例

1.J+P 设计公司

当下，越来越多的客户开始注重设计的独特性。这就要求设计公司在设计时要注重产品必须在具有全面性的同时还能具有整体性。在这样的趋势下，J+P 设计公司团队成立了从房地产开发到建筑施工、园林景观，以及室内设计的全方面工作体系。

图 2-44 J+P 设计公司

在设计中，负责室内设计的设计师一定是参与了空间设计的人。在设计开始之前，首席建筑设计师和室内设计师一定要先判断出客户的喜好。

J+P 设计公司团队占据了两层楼，二层是 KACI 国际公司的办公空间和会议空间，同时也是公司经理的办公所在地，这位经理是一位景观设计专家。三层用作办公区（图 2-44）。

通常情况下，二层都是管理部门所在的位置，比如 CEO 办公室、经理办公室。这里常常采用无遮掩的设计，因为这里常常需要接待许多来访者，并且是设计师以及与设计有关的人员相互沟通的地方。因此要求设计元素一定要精巧而富有变化。在入口前面，是一幅巨大的图案，图案由抽象图形组成，采用非直接光源照射，画面上设计有用丙烯酸树脂材料制作的公司的名称。

两种不同的功能区，建筑设计和景观设计，让它们位于同一空间，除了能加强空间的流通性，也证明了即使在同一空间，它们也可以像独立分开时那样在保持不断的相通性的同时又互不干扰，这一点正好说明了开敞式的共存空间的好处。

三层的设计重点在于通过形态上的变化来创造出富有创造力的视觉效果。尝试通过不同颜色的斜线条的变化，带动整个空间的流动性，来实现视觉效果上的延伸与扩展。从入口处看金属材质图案背景墙，形成了斜线与直线的对比，更加扩大了视觉上的张力。一幅树的图案展示了景观设计师对于图形的运用能力。总的来说，设计师通过颜色、图案以及灯光和面板设计的使用，很容易地使最终的作品散发出年轻的力量。

2. 登琨艳建筑事务所

登琨艳建筑事务所（图 2-45）位于上海滨江创意产业园（也称作大杨浦）的最外端，那里原是 1921 年所兴建的上海电站辅机场，当初是美国通用电子公司在亚洲投资最大的电子工厂，无论从历史还是建筑角度，那里都是极具文化价值的工业遗址。

图 2-45　登琨艳建筑事务所

事务所的占地像是个拉长的 L 形，仅有两层的建筑保留了完好的尖顶木架梁体，事务所的入口设置在了 L 形聚拢的夹角处，恰好正对南面。登琨艳将入口设计得犹如一个用于展示的阳光棚，地面上的透光地板错落布局，在夜间辉映出神奇的灯光效果，上层则是个露台，连着他自己的办公室，与周围的绿荫相连。往里就是最具特色的玄关区域，登琨艳将那里设计得犹如一个舞台，空间被整个拉空，白色主导了那里的颜色，墙上的圆洞、刻意砸开的一圈天花板、漆成蓝色的弧形身的大水缸，都赋予了空间更多的线条。斜置的镜子占据了玄关通向二楼办公区域楼梯一侧的整面墙，镜子幻化出的空间与真实的存在形成一个虚实交互的界面，让人产生奇妙的感觉。天花板处垂挂着大小错落的球灯，令整个玄关区域犹如梦境一般。

自玄关上到建筑上层，分左右两翼展开，左侧是登琨艳的办公室，右侧是事务所其他设计师的办公区域，恢弘的空间裸露着建构的梁体，人在其中显得渺小，而如此气势又是人为天成，处在这样的氛围里办公，必能激发起更多设计创造的智慧。连接两个区域的则是一个过道平台。

在空间过渡的区域，原有的建筑被很好地保留形成一个界面，底下是员工休息的区域，上方是一个阁楼。从搭建的阁楼上，有一个非常棒的眺望区域。在接近建筑梁体的部分，更设置了榻榻米的休息场所，方便设计师休息。

过道左侧通向登琨艳的独立办公区域，入口用了他喜欢的金属丝网材料，登琨艳赋予了原本硬质的材料以轻薄的视觉效果，与清冷的大理石台面形成了对比。推开巨大的木移门，入眼的是办公室如画般的休息区域，窗外的绿意透过落地窗台漏了进来，于宏大中透出静谧。登琨艳的办公桌奇长无比，选用了整面的大理石台面，气势宏大，其实也非常符合大项目图纸的铺排。

图 2-46 领袖服装服饰工作室

3. 领袖服装服饰工作室

领袖服装服饰工作室（图 2-46）设在北京 798 艺术工厂的厂房里，空间形态保留了老工业建筑的风貌。因为柔软质地的衣物在过大空间里反而显得单薄，服装工作室的单层面积只有 30 多 $m^2$，可谓恰到好处。底楼是成品出售和裁剪缝纫的区域，因为场地基本成方形，服装就沿内壁环绕张挂，而架起二层的下方则藏着一个化布片为霓裳的小作坊。为了让整个空间通透明朗，铸铁结构支撑起的上层部分只有底层面积的一半；楼梯之上是设计师接待老朋友或因为衣服而结交新朋友的休闲平台，而上层远离楼梯的一端则是布置了一间半空中的温馨卧室。

4. 高文安深圳工作室

高文安在深圳的办公室（图 2-47）位于华侨城东部工业区，工业区内的老厂房被高文安租了下来，这栋楼高近 8m，面积 800 $m^2$，高文安将其改为约 1200 $m^2$ 的办公室。作为首批进驻 LOFT 的设计师之一，素有“香港室内设计之父”美称的高文安认为自己多年

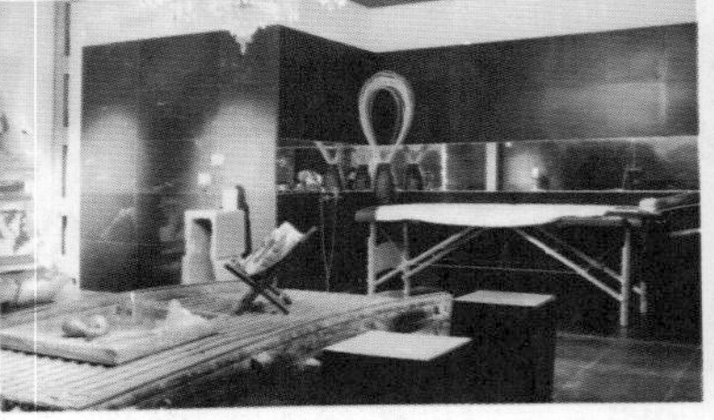

图 2-47 高文安深圳工作室

来的设计生涯其实是一个“挪用”的过程，他的办公室就是以古罗马露天剧场的楼梯作为主体的。

由于高文安崇尚“整旧如旧”的改造原则，改造后的办公室很好地保存了原建筑的风格与旧貌。改建后的厂房分为三层，用红砖铺就的外走廊和四周斑驳墙面搭配在一起极具浓烈的复古感。

老院内建了个游泳池，架上可活动的木板作为休息区，放置的纯白烛台给整体空间增加了些许跳跃感，红色垫子和红色地砖交相呼应。巨幅海报在给人视觉冲击力的同时也给旧墙面注入生机和活力。穿过一道拱形石门，随意放置的几把竹椅和透明案几构成了悠然的休闲空间。进入建筑内部右边的健身中心，巨幅健美照给人以力与美的感受，让眼睛饱受了视觉盛宴。阅览区的杂志供休息时阅读，印有文字的坐垫成了某种象征符号，体现着中国古典文化精神。一层中部有个有趣的设计——三面台阶，材料用的都是成都铁路使用过的废旧枕木，古木风格凸显。其一面被用作摆放艺术品的展架，开会时员工席地而坐。拾级而上，来到二层的设计师办公室，约容纳 80 人的空间里，摆设兼具随意性和创造感。从上往下看，像来到了古罗马的露天剧场。楼梯的板子叠加着往上，板子左边没有支撑，牢固作用只靠右边的中轴了。最高层便是高文安的私人空间了，这里是个完全开阔的空间，忙碌的员工办公室可以一览无余。

“我希望尽量把屋外的空间引进室内，在工作时享受到周边环境。”高文安说。于是，20 多个大石门分布在工作室内外，让 2000 $m^2$ 的空间感觉很大气。大石门是从上海运过来的，每个足有两吨重，放入工作室的露天花园却是最合适不过的摆设了。露天花园的两边摆上了 1m 多高的酿酒大罐子，罐子里则种上大棵植物——海芋头。

健身房也是工作室的一部分，有完整的健身器材可以使用。阿诺·施瓦辛格等健美男子的海报恐怕是最惹眼的装饰了。健身房外，到那个宽 2m 长 15m 的露天小泳池泡泡，再或者架个木搭板，在上面小憩一会儿，享受随处可得悠闲的浪漫。

泰国的鸟笼、印度的挂毯、英国的壁炉……来自世界各地的东西有序而和谐地放在工作室。卫生间的洗手盆用的是马槽，推拉门的把手则是电磁绕线盒，不经意之处却见用心的创意。主人说，这工作室是他迄今最满意的设计作品。

此项目在保持原建筑风格面貌的同时更兼具艺术性与趣味性，成为老区内不可多得的亮丽风景。

## 2.3.5　商贸企业办公室

各类企业总有不同之处，因此每一次构思设计办公空间都是一次探索，这探索包含对每一类企业各自的商业发展目标的了解及构思不同的风格，使每一个企业都有其独特之处，与众不同。每一个企业都有不同的营建方式、企业文化及管理架构，这是很典型的情况。办公空间设计是一种协调的艺术——把一个平淡无奇的空间变化成一个具有独特风格的空间。

### 2.3.5.1　设计特点

对于商贸企业集团总部而言，设计中会运用较多的石材、深色木材和黑灰色调，玻璃和木质感中西合璧，表达稳重霸气、收敛、含蓄、严肃和力量感。有些企业集团的品牌形象具有活力，也可设计成简洁、有新意、时尚型。

商贸企业集团总部的设计应体现其所经营的商贸项目或产品，设计创意应与此有联想上的关联，与品牌的特点相契合。

较大的企业集团办公室一般设计成开放式办公室，办公模式强调人员流线，人员流线的规划非常重要。人员流线设计上，把最经常到达的目的地，如洗手间、楼梯间等公用场所集中放在一起，放置于办公室中合适的不打扰别人工作的地方，比如高层建筑的核心筒就是一个理想的地方，从位置上说，周围的工作人员都可以得到一条比较短的行动路线，即方便了自己，又把对别人的干扰降到最低。用一些符合模数的单元来组成一个工作区，许多的工作区组成了一个通透的大办公区。

设计师致力于确保办公工作空间的形态，品质能支持每个人的工作活动，鼓励每一个人的自我表现，发挥创意及其所长，优越的工作空间设计将会对这方面很有价值，不光只是安置办公家具这样简单。专业设计师协调各方面的设计概念，设计出多样的办公环境，不仅体现出客户的独特形象，而且强化其识别性。“节奏、选材、外观、比例”，最佳的效果，办公室不只是供人使用，也可激发每一个使用者对工作的热情。

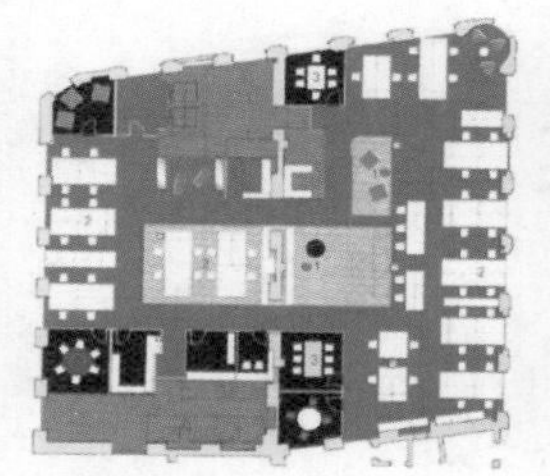
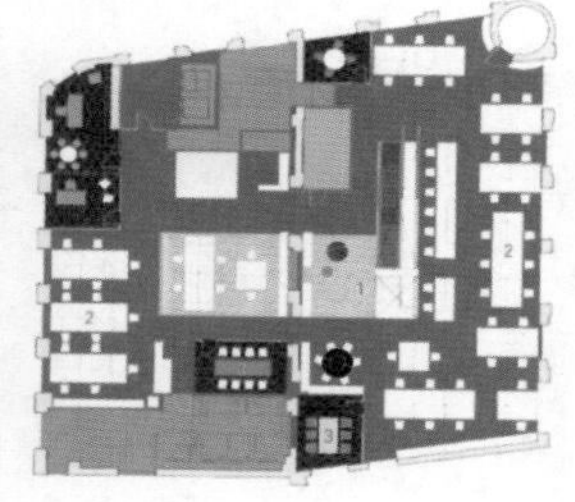
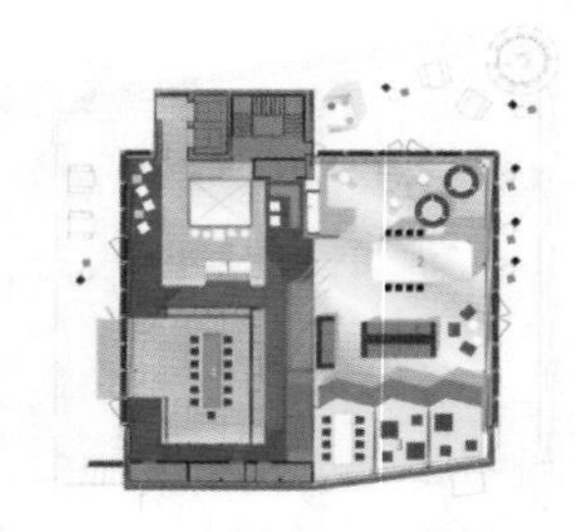

办公室平面图

### 2.3.5.2 设计实例

1. 红牛总部办公室

红牛总部新的办公空间位于一座建立于 19 世纪的建筑的顶部三层，还包括一个最近在屋顶新扩建的被露台包围着的“玻璃盒”。其设计目标就是要鼓励员工在讨论公司品牌价值以及统一性相关的事项时能够更多地沟通，促进信息交流。使人眩晕的设计足以刺激人的运动神经，使人产生运动的冲动。这正好也与红牛品牌的特点契合。

简单来说，这里的室内设计就是将两个单独的办公空间合并为一个整体的中心总部办公空间。两个单体部分中间的空隙处，一端由一个三层楼高的组合视频墙来填充，而另一端则是滑梯设计，这种充满想象的设计是为了鼓励人们在空间内实现更加自由和多样的运动方式（图 2-48）。

图 2-48 红牛总部办公室

顶层是活动场所，这里有主接待室、酒吧和咖啡厅，有正式的和非正式的会议室，还有主会议室。这些地方整天都处于使用状态，作为公司员工进行业余娱乐活动以及沟通工作想法的场所。

顶层设计的最大特点就是由一个不间断的流线形碳纤维材料组成的单元连接起来。它一直从室外的露台延伸进来，并且室外部分刚好当作是一个翅膀形状的雨篷。在室内，它将主会议室包裹起来，并且将与主会议室交接的地方设计成接待台。该单元在空隙处直接被设计为滑梯和楼梯的支撑，并且延伸到下面一层，形成一个非正式的接洽区。这种单元设计正好暗示了与红牛产品直接相关的一些高消耗的运动，比如滑冰、滑雪、赛车、自行车赛等。

2. 博陀洛—纳蒂尼集团

这一组犹若蒸馏器的玻璃球形建筑是献给著名的纳蒂尼制酒公司的（图2-49）。设计方案呈现出两个世界：一个是“悬吊”的世界，由两个椭圆形的透明玻璃球体组成，它们将研究中心的实验室怀抱其中；另一个是“浸没”的世界，经过雕塑的地面宛如一个天然峡谷，内部包含礼堂与休息室。通往礼堂的坡道是这个“峡谷”的创意空间，它可以被当成宽广的露天平台来容纳大型的活动，参加者被周围韵律性排列的斜墙所营造出的空间景观包围在其中。当夜幕降临之时，亮起的照明灯使得玻璃体的建筑物通体发亮，星光璀璨。

图2-49　博陀洛—纳蒂尼集团

地面层由不锈钢构成，天花板上有巨大水滴造型的照明设备。设计师大量使用光面钢材，在位于两座悬吊玻璃球下的入口空间营造出光线来回反射闪烁的效果。不同倾斜角度的修长柱列与斜向电梯的体量更进一步塑造了空间的动感张力。

访客在此经历一连串由多样建筑元件组合而成的不对称空间的景观变化，这些元素包括两个并列的椭圆球体、倾斜的电梯体量与楼梯，以及旋转的入口坡道。 两个椭圆球体使用了透明与半透明两种不同玻璃来构成双层圆弧表面，让人们以 360° 的视野来欣赏山区瑰丽的风景。会议室及其他空间设计整体简洁大方。

3. 澳洲矿业地产集团办公室

澳洲矿业地产集团 Investa 设立新的办公空间，是为了进一步提高员工的工作效率，方便各项业务的管理运转，并且通过它体现公司的核心价值以及经营理念（图 2–50）。

图 2–50 澳洲矿业地产集团办公室

Investa 希望他们的办公空间具有友好、高效、交互性强的优点。来访者会发现这里的办公空间透明度很高，就好像自己也成为其中的一员。他们选择了高楼中的低层，这就意味着别人在乘坐德意志银行大厦 (Deutsche Bank Place) 高速透明电梯时会首先看到他们的办公空间。无论是从外还是从内看，该办公空间最明显的地方就是清晰明确的循环路线保证了进行任何公共活动都不用穿过安静的办公空间。工作空间在保持连贯舒适的外观的同时，还可以满足各种不同企业团队的需要。功能空间和储藏空间被平均分配给各个团队。还设有一些灵活的空间比如会议室、休息室等。

功能性的需求是为 200 个人提供一个开敞的环境。而且还要通过合理巧妙的循环路线设计使得他们在横向或者纵向联系时可以非常方便。此外，考虑到临近建筑物对低层空间的光线影响，设计师采用了中庭照明来达到光线的最大化。同时景观的使用使得室内更具休闲性，更富有情趣。

这一设计也完成了横向与纵向空间的开放，强调了视觉效果和物理作用上的结合。隔板、网格和聚会场所将外部和内部完美地结合起来，成为一个城市“景观”。

## 2.3.6　政府部门办公机构

### 2.3.6.1　设计特点

政府部门办公机构在大堂的空间设计上，要达到气派庄严、简洁明亮的效果。因此，宜采用对称均衡美的形式来处理。由于在视觉艺术中，均衡中心两边的视觉趣味中心份量是相当的，对称给人一种安定的感觉。为此在设计时重点放在大堂。大堂对称排列的柱子由柱座、柱身及柱托组成。整个柱子的设计如擎天之柱，刚劲有力，根基稳固。墙面及地面大都铺浅色花岗石或大理石，大堂设计简洁、明亮，天花的造型简洁而有层次感。

设计时在材料的运用及天花、立面造型，要形式感统一。让一种材料、色彩占主导地位，令大堂看起来富有变化又非常整体和大气稳重。

当然，现代政府部门办公机构有些也大胆地使用较活跃的环境形式来设计。空间的分隔上更为灵活，区域划分也是根据工作的实际需要，以方便人员的工作，提高工作效率来考虑。接待区设计得更人性化，为来客考虑得更周到细致，工作人员与来访者的交流更贴近、更融洽、更高效。办公环境设计趋于人性化，色彩和个性化的设计也突破了传统的禁忌，堂而皇之地出现在办公机构里。

### 2.3.6.2　设计实例

1. 法国文化部大楼

建筑物立面不锈钢金属网以及大面积开口窗户为这个方案的室内空间带来高质量的性格与恢宏的自然光线，让整个 30000 $m^2$ 的办公空间充满明亮与亲切的空间氛围。 建筑物高 8 层，其内工作空间的安排、材料的处理以及色彩氛围的掌握等，都与这个光线设计的大主题相呼应（图 2-51）。

图 2-51　法国文化部大楼

材料及其处理方式在此像是音乐的主旋律一般反复铺展：地板采用相同的材质、墙面采用统一色系、办公室隔间采用同一类型的玻璃隔墙。设计师借助对建筑物整体机能的安排，以及办公空间所在位置的空间特性，创造变化无穷的多样化空间：面对孟德斯鸠路、佩提香路以及花园方向所安排的是大面积的办公空间；长形的空间以及转角的空间配置在圣欧诺黑路的一侧，有的工作空间面向对街城市建筑的立面，有的高高在上，凌驾巴黎的城市屋宇。因此，办公室的视野变化也不一而足，有的面对花园，有的坐揽巴黎市屋顶的景观，有的俯瞰建筑物周边四条道路繁忙的街景。

室内隔间墙与天花板的石膏板都以天蓝色系为底，空间中点缀多种符号图案与色块，使整体环境显得更为活泼。每一个办公室的玻璃隔间上都印着不同的彩色长方形图案，天花板上空调管道的出口覆盖了形似暖脚袋的合成胶质装饰元件，餐厅的光罩印着方案设计师们脸孔的图案，3 万条细如发丝的柔性钢线悬吊在接待大厅的天花板上，52 张不同花色的壁纸标示着地下三层的停车空间。这些细致的空间处理方式为这个行政建筑物增添了一种家居工作场所的亲密感。

亮面的地板使得来自立面的光线能够在此反射进入建筑物深处。室内交通流线与办公室之间的隔墙采用雾面玻璃，不仅增加走道空间明亮的特性，也确保了工作空间必要的私密性。这些交通空间是名副其实的光盒子，来自外部道路以及内部中庭花园的自然光线在此交叉穿透。以蔓红莓色地毯铺地的交通空间引导人们进入建筑物的内部，它同时也减低了行人脚步声的干扰，满足了建筑音效控制上的要求。

2. 法国信托局办公室

此方案里，建筑师所设计的办公空间具有极佳的隔音性能，它们由不透明隔板或者透明玻璃所围住，并面向一条主要的交通流线。此交通流线并非一条单纯的走廊，它串联了几个特殊的区域，例如：陈列艺术品的展览区、自动贩卖冷热饮料休息区、影印区等，促进了整体办公空间的交流。

方案的隔间墙板组装系统经过特殊设计，它让各个工作台众多周边设备获得充足的电源供应，而且使衔接每一个工作台的线路配置方式拥有最高的自由度。隔间下方的可动式出线闸可依个别座位空间需要而弹性调动位置，充分提高工作效率。

但是对于某些办公空间的特殊要求而言，可动式隔间系统并不能够提供令人满意的解答。有的空间要求完美的隔音设备，而且室内空调设备只有透过交通空间的固定式隔墙才能有效运作。因此，建筑师在开敞式办公空间以及模具化办公空间之外，提出第三种可能性：即符合理性原则的弹性工作空间。他在本方案里使用规格化的元件来塑造具有多元可能性的办公空间，同时也根据理性原则在交通流线周围配置传统的封闭式与开敞式办公室。

在交通流线的设计上，建筑师借助几何形状、空间氛围以及色彩的变化，将长达 80m 的大走廊塑造成若干渐进的段落。 这个空间的色彩特性表现在铺地的图案上。例如：在交通流线上，一系列正方形、长方形或 L 形的特殊区域借助地毯颜色的不同而界定，它们塑造成亲切的交谊场所，隔间板用的是有条纹装饰的磨砂玻璃，使室外的自然光在穿透建筑物立面与办公区之后，照亮这个交通空间。

光线是塑造这个渐进式空间的主要设计元素。大走廊的主要光源来自于天花板上，镶嵌在中轴线两边，它们在地上形成若干温暖的光点。交谊区域以及其旁的办公室间天花板上则装置了可调向的金属卤素灯。当办公室的光束穿过隔间的磨砂玻璃而抵达交通空间时，形成一种比光源原色稍冷的、接近自然光的光源，同时将隔间面板的框架图案映照在地面上（图 2-52）。

图 2-52 法国信托局办公室

3.VicUrban

VicUrban 是澳大利亚维多利亚州政府新的城市发展合理机构，也是负责提交关于可支付房产、可持续发展、繁华社区和成功社区相关报告的部门。包罗万象的办公空间看起来更像是一个村庄而不是办公室。

VicUrban 新办公空间设计的指导原则就是体现可持续性。办公空间的方案包括移动感应灯、日光感应器、个人可控制光源的灯、节热节水的水龙头。在选择饰材、家具以及工作台时，要遵循无污染、可循环利用的材料及制品的原则。办公空间内有很多的植物，尤其是在咖啡吧和会议室，可以改进室内空气的质量。

设计的理念是将办公室空间装饰得像一个村庄一样，并且还要具有最好的装备。这就要求需要有一个中心点，通过不同的路径来连接各个区域，作用就像一个小镇中心一样。现在已经有了这种非常规的安排方法，但此中心并不是传统意义上的中心。中心连接的尽头是一些社区便利设施，如咖啡厅、接待处、休息区等。大量的交汇点分布在周长上，充当着隔离带，会议室也成为安静的工作区和喧嚣的休息服务区之间的缓冲地带（图 2-53）。

图 2-53 澳大利亚维多利亚州 VicUrban

4. 斯洛文尼亚商务部

位于卢布尔雅那的斯洛文尼亚商务部提供专家顾问的建议、组织培训班进行信息展示，为商务活动提供了广泛的运作程序。进行这些活动所需的特殊用途的场所，比如图书馆、展览室和研究会议室、演讲厅、酒吧和餐厅，不仅占用了大楼的大部分面积，而且还决定了大楼的外观。

这些特殊用途的房间高度和宽度迥然各异，排列在一栋样式简洁的 8 层大楼前面，再前是一个 2 层高的办公区。与房间等高的空梁构成了房间的基本结构，然后加上天花板、墙壁或者墙体，这个要取决于空间要求。大楼里面的房间都可以在墙体上看到，也可以贯穿全部楼层的空间连续体。每层楼都有自己的特点和细微差别的景观，并且体景观都截然不同。以座椅装饰的敞开式走廊为来访者和员工提供了随意交谈的机会。建筑师想利用这一空间鼓励来访者、员工之间的单独活动和交流。

大楼内部办公区域的垂直分区和公共区导致各种功能可以合并在一起，在每层楼上都可以建立起商务部和公众之间的直接联系。有服务中心、会议室和商务休闲室的空隙区在走廊北边，是向员工个人办公室的过渡区。办公室组织结构是由员工的工作要求谨慎小心的性质来决定的。作为重要的设计元素，灯光和颜色体现了空间层次，而且通过精心设计的玻璃墙体可以从外面看到。通过毛玻璃只能看到在图书馆、酒吧和走廊中来回走动的来访者的侧影，并且只有散射光线射出，所以可以透过透明的落地玻璃窗看到大厅和门廊。单色的演讲厅和研究会议室使用鲜亮的颜色，给室内增添了不同的光线。

介于流行文化、解构哲学和实用主义三者之间，这栋新大楼标志着颜色和面积之间相互影响的新纪元的到来（图 2-54）。

图 2-54 斯洛文尼亚商务部

# 2.4 现代办公空间的尺度与人体工程学

办公空间尺度直接影响到空间给人的感受。空间为人所用，在可能的条件下（综合考虑材料、结构、技术、经济、社会、文化等问题后），在设计时应选择一个最合理的比例和尺度。这里所谓“合理”是指人们生理与心理两方面的需要。我们可以将空间尺度分为两种类型：一种是整体尺度，即室内空间各要素之间的比例尺寸关系；另一种是人体尺度，即人体尺寸与空间的比例关系。需要说明的是“比例”与“尺度”概念不完全一样。“比例”指的是空间各要素之间的数学关系，是整体和局部间存在的关系；而“尺度”是指人与室内空间的比例关系所产生的心理感受。因此，我们在进行室内空间设计的时候必须同时考虑“比例”和“尺度”两个因素。

人体尺度是建立在人体尺寸和比例的基础上的。由于人体的尺寸因人的种族、性别及年龄的差异，而不能当做一种绝对的度量标准。我们可以用那些意义上和尺寸上与人体有关的要素帮助我们判断一个空间的尺寸，如桌子、椅子、沙发等家具，或者楼梯、门、窗等。这样会使空间具有合理的人体尺度和亲近感（图 2-55）。

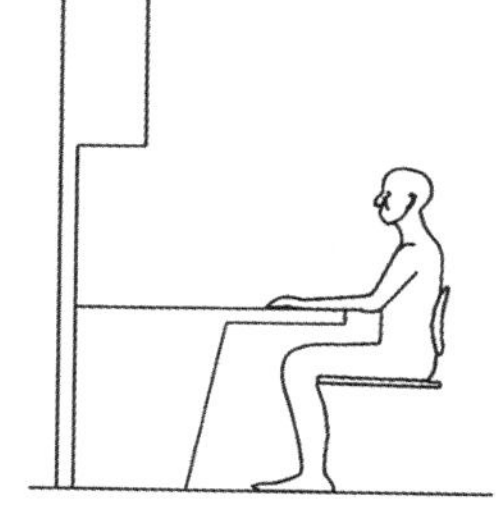

图 2-55 支撑人体并方便工作

办公空间的尺度需要与使用功能的要求相一致，尽管这种功能是多方位的。办公空间只要能够保证功能的合理性，即可获得恰当的尺度感，但这样的空间尺度却不一定能适应公共活动的要求。对于公共活动来讲，过小或过低的空间将会使人感到局限和压抑，这样的尺度感也会影响空间的公共性；过大的空间又难以营造亲切、宁静的氛围。在处理室内办公空间的尺度时，按照功能性质合理地确定空间音质具有特别重要的意义（图 2-56、图 2-57）。

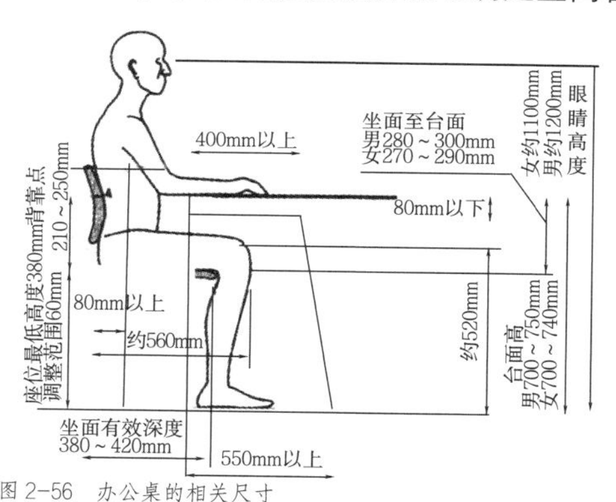


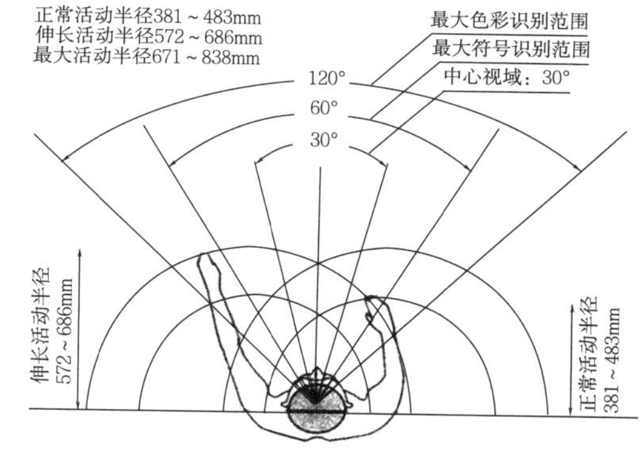


图 2-56 办公桌的相关尺寸

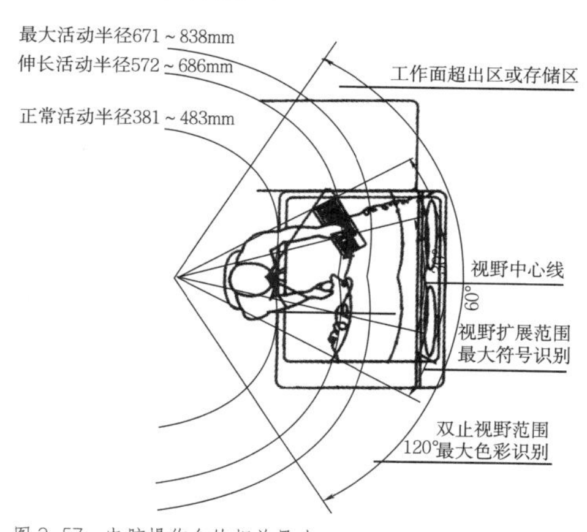


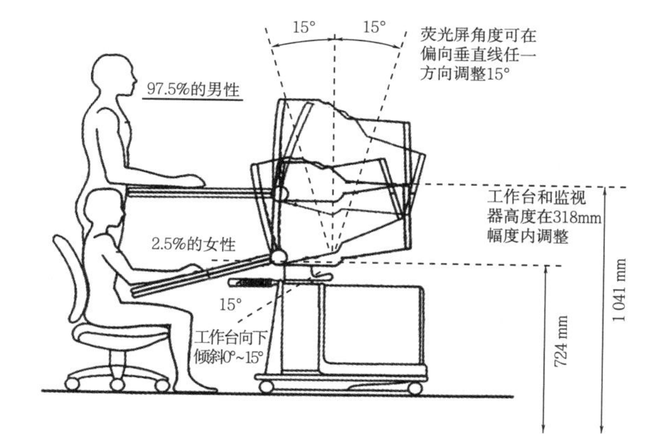


图 2-57 电脑操作台的相关尺寸

在空间的三个量度中，高度比长度对尺度具有更大的影响，房间的垂直维护面起着分隔作用，而顶上的顶棚高度却决定了房间的亲切性和遮护性。办公空间的高度可以从两方面看：一是绝对高度，即实际层高；另一个是相对高度，即不单纯着眼于绝对尺寸，而要联系到空间的平面面积来考虑。正确选择合适的尺寸无疑是很重要的，如高度定位过低会使人感觉不亲切。人们从经验中体会到，在绝对高度不变时，面积越大，空间显得越低矮，如果高度与面积保持一定的比例，则可以显示出一种相互吸引的关系，利用这种关系可以构造一种亲切的感觉。

尺度感不仅体现在空间的大小上，也体现在许多细部的处理上，如室内构件的大小、空间的色彩、图案、门窗开洞的形状与位置，以及房间里的家具、陈设的大小、光的强弱，甚至材料表面的肌理精细与否等都影响空间的尺度。

不同比例和尺度的空间给人的感觉不同，因为空间比例关系不但要合乎逻辑要求，同时还需要满足理性和视觉的要求。在室内空间中，当相对的墙之间很接近时，压迫感很大，形成一种空间的紧张度；而当这种压迫感是单向时形成空间的导向性，例如一个窄窄的走廊。总之，合理有效地把握好空间的尺度以及比例关系对室内空间的造型处理是十分重要的（图 2-58 ~ 图 2-63）。

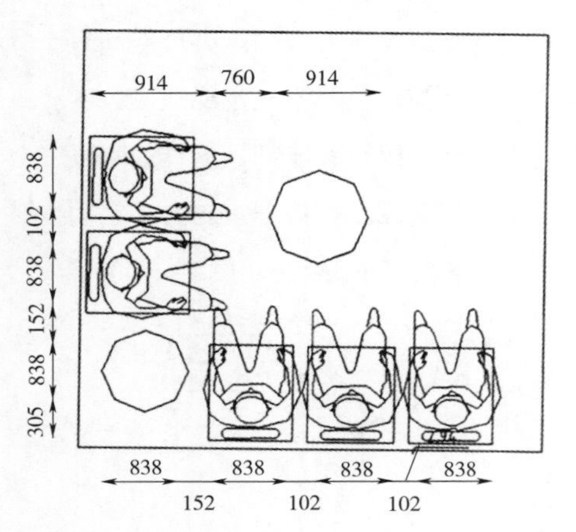


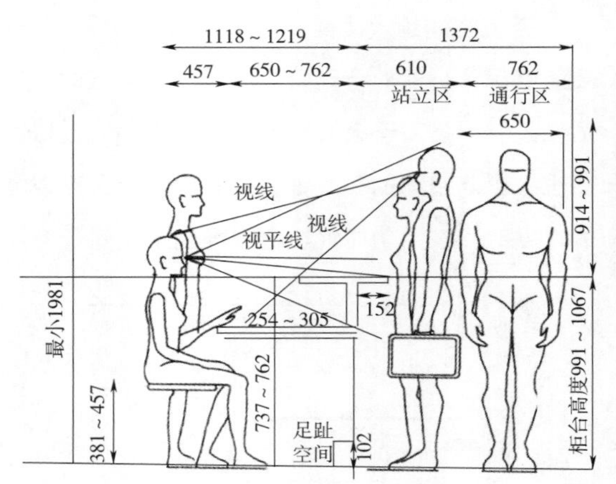


图 2-58 接待空间等候区的平面尺寸和接待工作台和柜台的高度

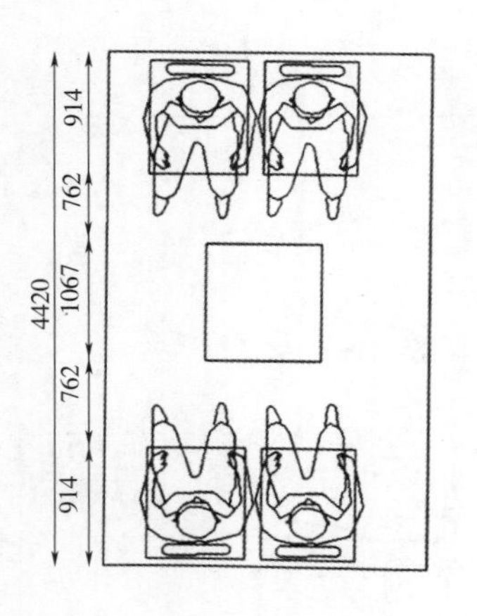


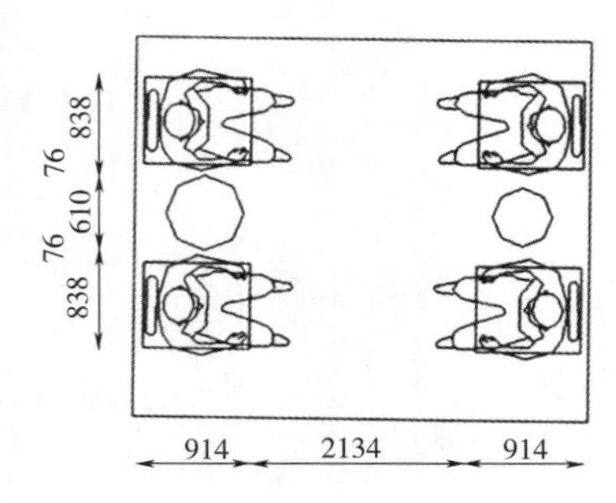


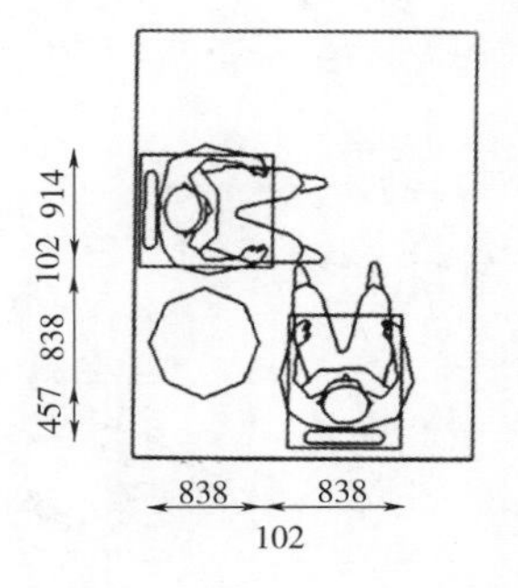


图 2-59 接待空间等候区的平面尺寸

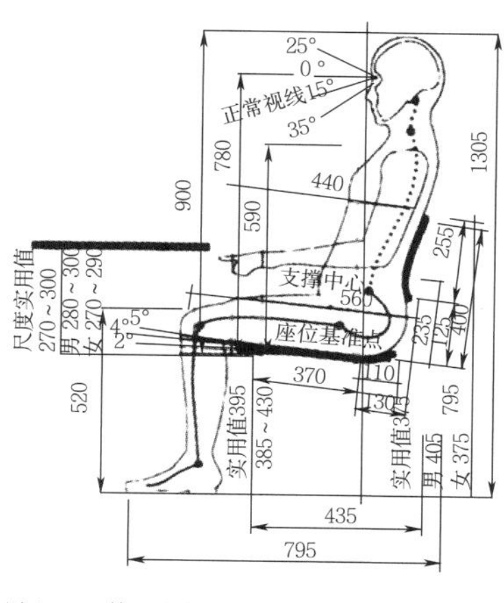


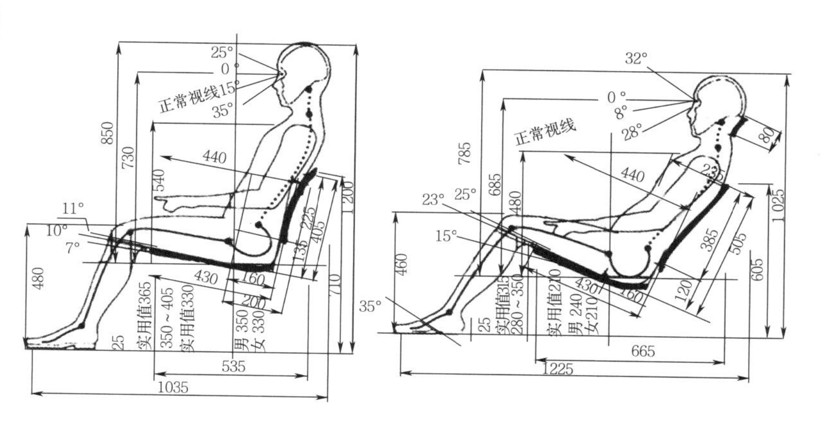


图 2-60　椅子的支持面的三种标准

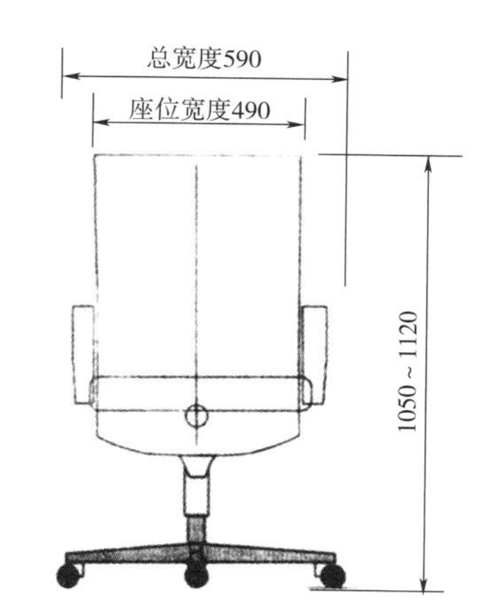


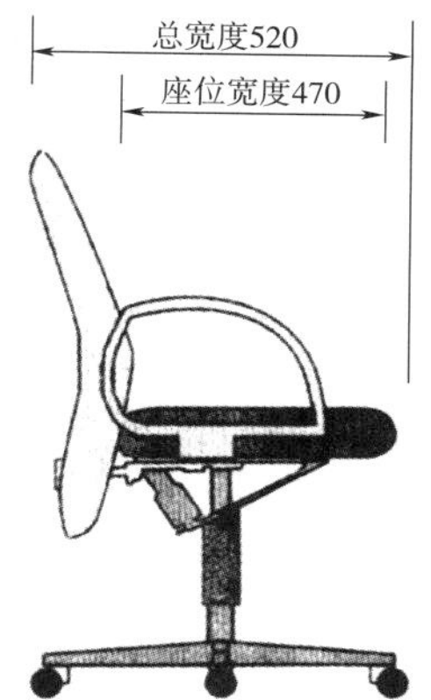


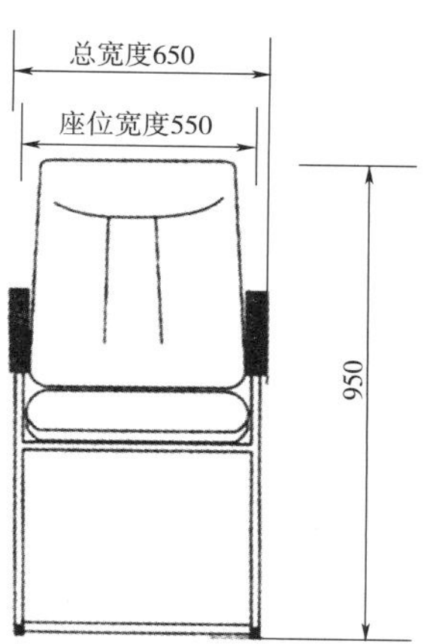


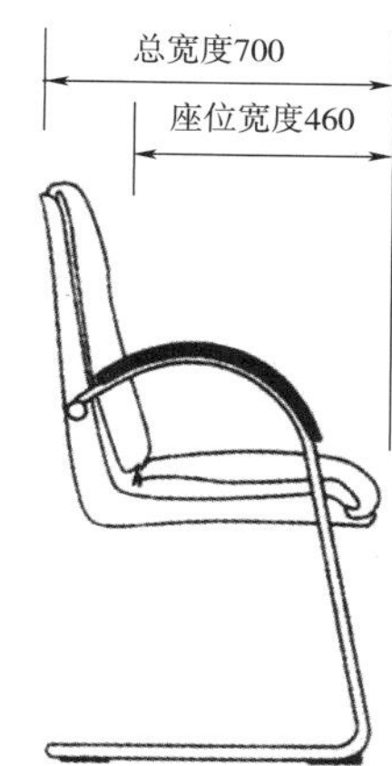


图 2-61　工作椅设计规范

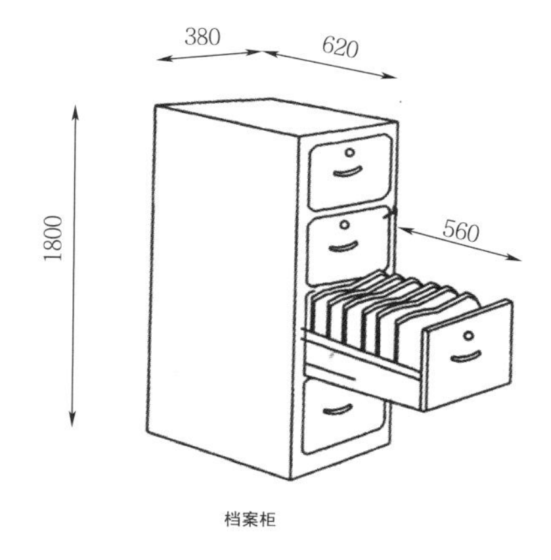


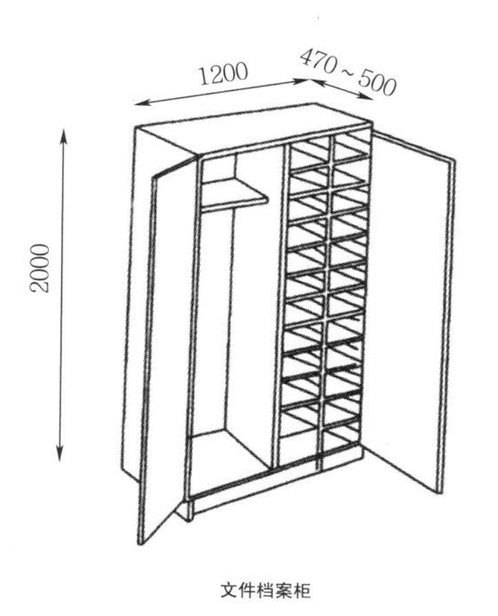


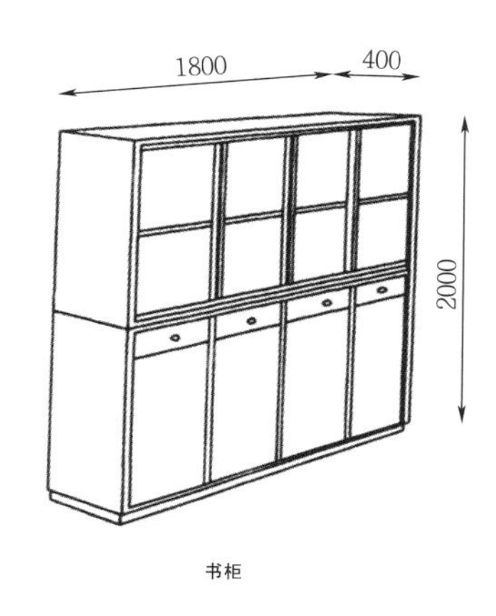


图 2-62　资料储存家具尺度

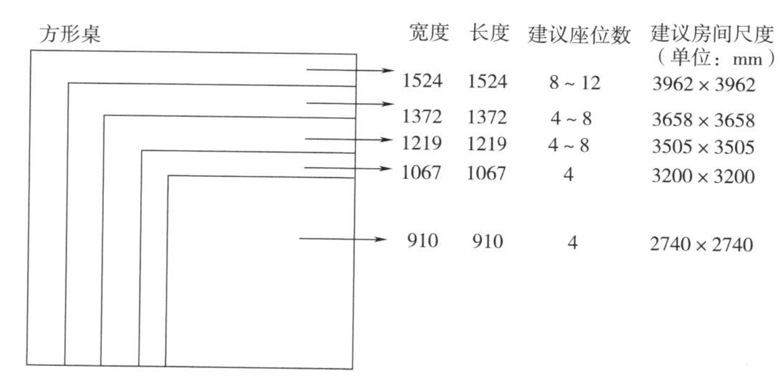

方形桌

| 宽度 | 长度 | 建议座位数 | 建议房间尺度（单位：mm） |
|---|---|---|---|
| 1524 | 1524 | 8~12 | 3962×3962 |
| 1372 | 1372 | 4~8 | 3658×3658 |
| 1219 | 1219 | 4~8 | 3505×3505 |
| 1067 | 1067 | 4 | 3200×3200 |
| 910 | 910 | 4 | 2740×2740 |

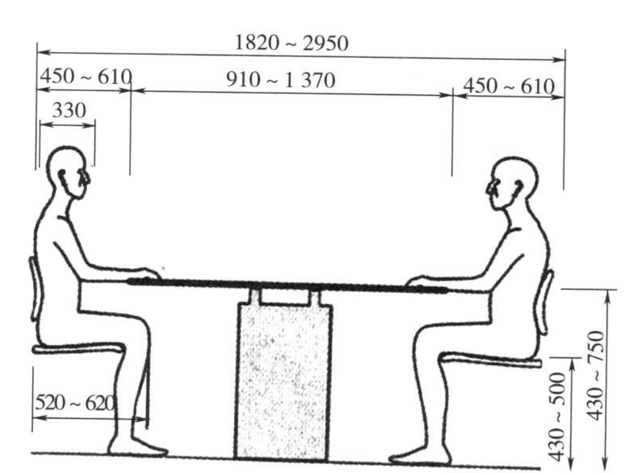


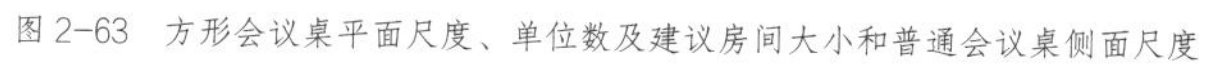
图 2-63　方形会议桌平面尺度、单位数及建议房间大小和普通会议桌侧面尺度

# 课后任务

本单元作业命题：行政办公区及接待厅空间设计。

具体要求：画出功能分区图、流线分析图、总平面图、剖立面图、顶棚平面图、接点大样图。

# 参考书目

[1] 编委会 . 建筑设计资料集 [M]. 北京：中国建筑工业出版社，2005.

[2] 王建柱 . 室内设计学 [M]. 台北：艺风堂出版社，1984.

[3] ( 德 )波加德( Pogade.D. ). 德国办公 [M]. 鄢格 , 黄阿宁 , 译 . 沈阳 : 辽宁科学技术出版社，2008.

[4] 沈渝德 . 全国高职高专艺术设计专业教材 [M]. 重庆：西南师范大学出版社，2007.

[5] 郑曙旸 . 公共空间设计 [M]. 乌鲁木齐：新疆科学技术出版社，2006.

[6] 弗朗西斯科・阿森西奥・切沃 . 办公空间设计 [M]. 北京：中国建筑工业出版，1999.

# 第3单元 现代办公空间的设计原则

**学习目的**

本单元的主要学习目的是了解现代办公空间的设计要点及其设计中的一般规定、现代办公建筑的规划布局的要求及各功能空间的相互联系、人流路线的设计。办公建筑的内部功能空间的定额要求严格按照JGJ 67—2006《办公建筑设计规范》设计施工。

**学习重点**

办公建筑的平面设计、 各种办公室的设计原则、电梯设计原则。

# 3.1 现代办公楼的设计要点

## 3.1.1 办公空间的基地设置

办公建筑功能复杂、体量庞大，对整个城市与周围环境都会产生很大影响，而且其耗资巨大，一旦建成便不宜更改。因此在进行可行性研究阶段就要对其基地选址有一个正确的认识，关于办公建筑的基地环境设计，与之相关联的影响因素是很多的，其间的关系也是错综复杂的，应加以全面、综合考虑。

### 3.1.1.1 办公建筑的基地地址选择

办公建筑的基地应选在交通和通信方便的地段，并应避开产生粉尘、煤烟、散发有害物质的场所和储存有易爆、易燃品等的地段。

办公建筑的设计一开始就应对用地周围环境进行必要的调查，包括表 3-1 中的项目。工业企业的办公建筑，可在本企业基地内选择联系方便、污染影响最小的地段建造。

表 3-1　　调查项目表

<table>
<tr><td colspan="2">该建筑物的用途与地段选址是否合适?<br>该区域近期、远期发展前途如何?<br>该地段与城市中心区的关系如何?</td><td>与该地段的规划设计要求相对照</td><td>规划部门</td></tr>
<tr><td colspan="2">该地段周围社会情况对该建筑物适合吗? 是否有利于该建筑的生存、发展?</td><td>调查周围建筑物的用途、结构、层数，是否能与本建筑配套使用</td><td>规划部门</td></tr>
<tr><td colspan="2">城市设施能否为本建筑提供必要的条件?</td><td></td><td>市政部门</td></tr>
<tr><td rowspan="8">分项</td><td>公路网</td><td>周围道路现状及道路规划、交通限制、通往该建筑基地的允许开口位置</td><td>交通部门</td></tr>
<tr><td>附近停车场<br>公交站点<br>出租车停靠点</td><td>周围已有停车场各站点的位置、容量</td><td>交通部门</td></tr>
<tr><td>煤气</td><td>位置、容量、煤气调压站位置</td><td>煤气公司</td></tr>
<tr><td>自来水</td><td>位置、容量、允许接口位置</td><td>自来水公司</td></tr>
<tr><td>电气</td><td>位置、容量、高低压变配电要求</td><td>供电局</td></tr>
<tr><td>电话</td><td>是否能达到本楼要求的门数</td><td>电话局</td></tr>
<tr><td>下水道（污水、雨水）</td><td>位置、容量、允许接口位置</td><td>规划部门市政管理处</td></tr>
<tr><td>热力</td><td>位置、容量、城市热力网情况、热力点规模</td><td>热力公司</td></tr>
<tr><td colspan="2">用地适合何种结构? 周围的地质调查</td><td>土质、地耐力、断层</td><td>向勘测部门要勘察资料</td></tr>
<tr><td colspan="2">气候条件：风、雨、冬夏季温度、湿度</td><td>最大风速，主导风向、平均、最低、最高温湿度</td><td>查阅有关气象资料</td></tr>
<tr><td colspan="2">环境：周围的噪音、煤气、电波干扰、污染等不利因素</td><td>周围各可能干扰点及干扰程度</td><td>环保部门</td></tr>
</table>

### 3.1.1.2 办公建筑的规划布局的要求

位于城市的办公建筑基地，应符合城市规划布局的要求，并应选在市政设施比较完善方便的地段。

办公建筑设计构思形成的过程某种程度上讲也是适应城市规划布局要求的过程，主要体现在应符合国家土地综合利用的要求，符合城市交通对建筑单体的人流、车流组织的要求，符合城市空间设计以及对于建筑物之间体量关系方面的要求。在设计过程中应该及时同城市规划管理部门交换意见，对于比较重要的办公建筑设计，城市规划部门一般会提出较为明确的意见和要求，这时应尊重并执行城市规划部门的建议和要求。

#### 3.1.1.3　办公建筑的健全交通通信、安全、卫生、环保网络系统

现代办公建筑正朝着智能型发展，因此在进行基地设计时，还要考虑建立健全完善的交通、通信、安全、卫生、环保、网络系统等要素。在交通方面应处理好建筑与道路，以及与各种港、站等交通枢纽的关系，使建筑内的人流、车流既能迅速方便地疏散，又不会对紧临的城市道路产生太大的交通压力。实现通信线路数据化，以光导纤维进行大量通信，采用数据交换机，使客户均可使用通信网络。通过设置消防通道、室外消火栓、室外避难场所等以确保人员安全。建筑物排放的气体和水体应作相应的技术处理后排放，以达到国家有关环保要求(图 3-1)。

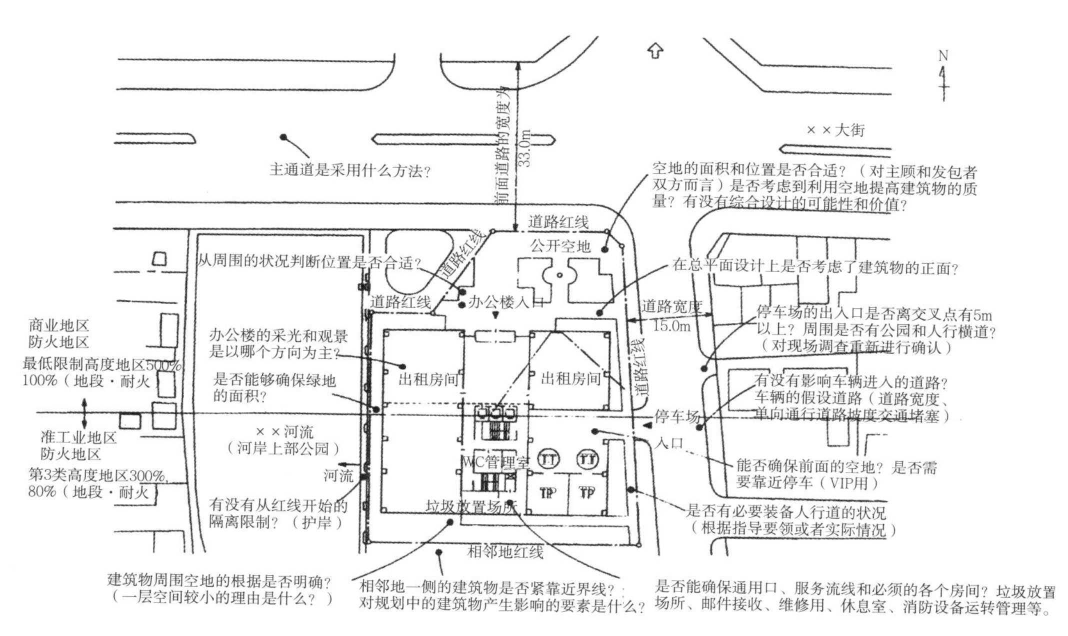


图 3-1　总平面图要符合城市规划的要求

## 3.1.2　办公建筑的总平面布置

任何建筑本身不仅是当前社会、政治、经济和文化的反映，也是社会生活的一面镜子。因此在进行总平面设计时，除了强调经济效果以外，也要注意社会效益、环境效果和艺术效果，尽量为城市人民的生活、工作、学习、交通、休息和各种社会活动创造良好的条件和舒适的环境。

#### 3.1.2.1　办公建筑的环境及绿化设计

总平面布置宜进行环境及绿化设计，使建筑物与周围的场地有良好的绿化和优质的人文景观，即能使办公人员和周围的居民安全、舒适地使用外部空间，又有助于周围环境的改善，提高建筑物和用地的附加价值(图 3-2)。

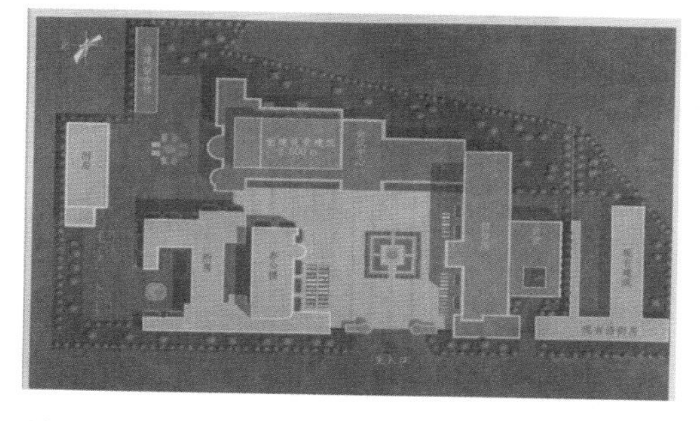

图 3-2　某政府机关招待所的总平面图

#### 3.1.2.2　办公建筑的群体组合

在同一基地内办公建筑与其他公共建筑尽可能地统一规划、统一建设。建造以办公用

房为主的多功能综合性建筑时，应根据使用功能不同，安排好主体建筑与附属建筑的关系，做到分区明确、布局合理、互不干扰。

表 3-2 办公建筑停车位指标

| 停车位指标 100m² 建筑面积 类别＼项目 | 机动车 | 自行车 |
|---|---|---|
| 一类 | 0.40 | 0.40 |
| 二类 | 0.25 | 2.00 |

3.1.2.3 机动车与非机动车停车场（库）

办公建筑基地内应设机动车和自行车停车场（库）。条件不允许时，可由有关部门就近统筹建设停车空间。停车场地面积由当地规划部门确定，在设定容纳量数和车辆类型时，要考虑到选址条件和办公建筑的类型（见表 3-2）。停车场有自由式平面停车场、立体式停车场和水平机械式停车场三种，可根据具体使用状况、车量、出入库的等待时间以及造价等选用。

3.1.2.4 附属用房、设备用房和货物、燃料堆放场

总平面布置应合理安排好设备机房、水池、附属设施和地下建筑物。如设有锅炉房、食堂的应尽可能设计单独使用的内院，并设运送燃料、货物和清除垃圾等的单独出入口，避免与办公人流和车辆的相互交叉干扰，采用原煤做燃料的锅炉房，应留有堆放场地，堆放场地应高于室外地面 10 ~ 30 cm，场地周边最好砌筑高于 l m 的矮墙（图 3-3）。

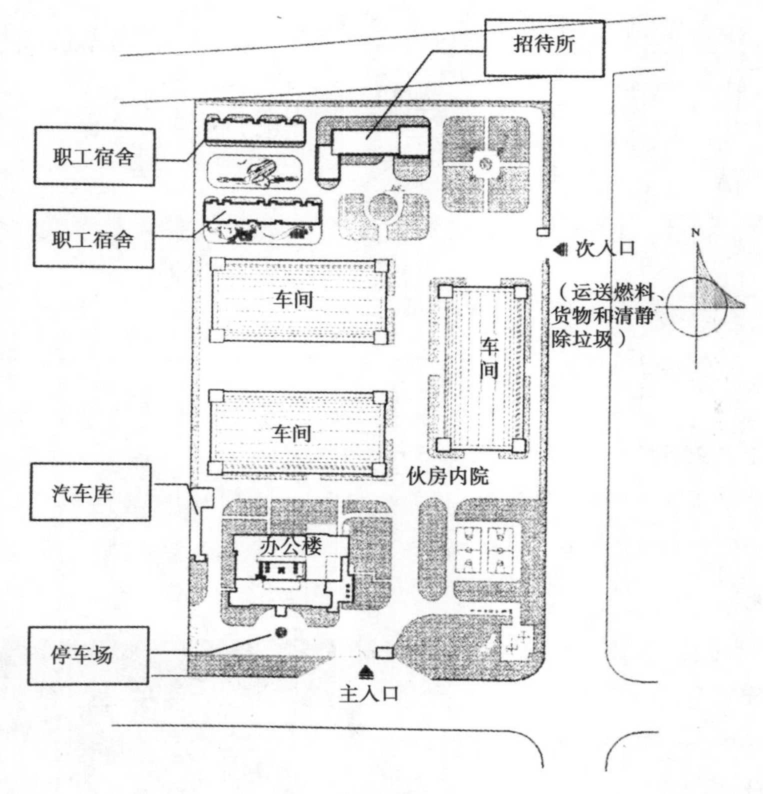


图 3-3 某工厂总平面图

3.1.2.5 功能空间的组成

办公建筑应根据使用性质、建设规模与标准的不同，确定各类用房。办公建筑一般由办公用房、公共用房、服务用房等组成。

各类用房的组成详见表 3-3。

表 3-3　办公建筑各类用房的组成

| | | |
|---|---|---|
| 办公用房 | 普通办公室 | 单间式、大空间式、单元式、公寓式 |
| | 专用办公室 | 设计绘图室、研究工作室 |
| 公共用房 | 会议室、接待室、陈列室、厕所、开水间等 | |
| 服务用房 | 一般性服务用房 | 打字室、档案室、资料室、图书阅览室、储藏间、汽车停车库、自行车停车库、卫生管理设施间 |
| | 技术性服务用房 | 电话总机房、计算机房、电传室、复印室、晒图室、设备机房等 |

## 3.1.3　平面尺寸与层高

### 3.1.3.1　平面尺寸

办公建筑合理的平面尺寸，应根据使用要求，结合基地面积、结构选型等情况，按建筑模数选择开间和进深，并为今后改造和灵活分隔创造条件。

表 3-4 为办公建筑常用的平面尺寸。

表 3-4　办公建筑常用的平面尺寸

| 项目 | 尺寸 /m |
|---|---|
| 开间 | 3.0、3.3、3.6、6.0、6.6、7.2 |
| 进深 | 4.8、5.4、6.0、6.6 |
| 层高 | 3.0、3.3、3.4、3.6 |

办公建筑平面尺寸的确定需考虑以下具体因素。

（1）提供方便使用和合理的家具布置要求。

（2）便于使用调整、改造和灵活分割的可变性要求。

（3）消防安全要求。按现行的《建筑设计防火规范》《高层民用建筑防火规范》的有关规定，以下方面将影响着办公建筑的平面设计。

1）安全疏散距离的规定（见表 3-5）。

2）疏散宽度指标的规定。

3）防火分区最大允许面积和长度的规定。

4）高层办公楼防烟楼梯间的设置规定。

5）高层办公楼消防电梯的设置规定。

表 3-5　办公建筑的安全疏散距离

| 类别 | | 房间门至外部出口或楼梯间的最大距离 /m | | | | | |
|---|---|---|---|---|---|---|---|
| | | 位于两个安全出口之间的房间 | | | 位于袋形走道两侧或近端的房间 | | |
| 建筑高度< 24m | 至封闭楼梯间 | 耐火等级 | | | 耐火等级 | | |
| | | 一、二级 | 三级 | 四级 | 一、二级 | 三级 | 四级 |
| | | 40 | 35 | 25 | 22 | 20 | 15 |
| | 至非封闭楼梯间 | 35 | 30 | 20 | 20 | 18 | 13 |
| 建筑高度≥ 24m | | 40 | | | 20 | | |

注　1 敞开式外廊建筑的房门至外部出口或楼梯间的最大距离可按本表增加 5m。
2. 设有自动喷水灭火系统的建筑物，其安全疏散距离可按本表增加 25%。
3. 楼梯间的首层应设置直接对外的出口，当层数不超过 4 层时，可将对外出口设置在离楼梯间不超过 15m 处。

（4）自然采光要求。自然采光是影响办公环境的重要条件，因此，平面尺寸应考虑采光要求。

对高层办公建筑的大办公室而言，为提高对自然光的利用，一般控制在：单面采光时，大办公室进深不大于 12 m；双面采光时，大办公室两面的窗间距不大于 24 m。

#### 3.1.3.2 基地面积

办公建筑在建筑用地内应依据地形、地界进行合理规划，因地制宜，以提高土地利用率。

#### 3.1.3.3 结构选型

办公建筑常用结构形式通常有框架结构、框架－剪力墙结构、框架－筒体结构、剪力墙结构、筒中筒及成束筒结构等，采用何种结构体系对办公建筑的平面尺寸影响较大，尤其是高层办公建筑。表 3-6 和表 3-7 为办公建筑在不同层数下采用的结构形式以及相应结构形式下的建筑高宽比的限值。

表 3-6 办公建筑在不同层数下采用的结构形式

| 结构体系 | 层数 | | | | | |
|---|---|---|---|---|---|---|
| 框架 | 10 层及以下 | 11~15 层 | 16~20 层 | 21~25 层 | 26~30 层 | ＞30 层以上 |
| 框架－剪力墙 | → | → | | | | |
| 剪力墙 | | → | → | → | | |
| 框架－筒体 | | | → | → | → | → |
| 筒中筒 | | | | → | → | → |
| 成束筒 | | | | | | → |

表 3-7 办公建筑的高宽比限值

| 结构类型 | 非抗震设计 | 抗震防裂度 | | |
|---|---|---|---|---|
| | | 6.7° | 8° | 9° |
| 框架 | 5 | 5 | 4 | 2 |
| 框架－剪力墙、框架－筒体 | 5 | 5 | 4 | 3 |
| 剪力墙 | 6 | 6 | 5 | 4 |
| 筒中筒、成束筒 | 6 | 6 | 5 | 4 |

### 3.1.4 建筑模数

#### 3.1.4.1 办公建筑的建筑模数

实施建筑模数是协调建筑中各部分尺度、有利于标准化施工与安装的有效措施。

办公建筑的建筑模数选择需结合以上条件并兼顾经济的合理性。一般多采用 3M 递进数列。

办公建筑的建筑模数的分类及其应用范围见表 3-8。

表 3-8　　办公建筑的建筑模数的分类及其应用范围

| 模数名称 | 模数基数 | | 应用范围 |
|---|---|---|---|
| | 代号 | 尺寸 /mm | |
| 分模数 | 1/100M | 1 | 材料厚度、直径、缝隙及构造细小尺寸，建筑制品的人工偏差等 |
| | 1/50M | 2 | |
| | 1/20M | 5 | |
| | 1/10M | 10 | 缝隙、构造节点、构配件的截面及建筑制品的尺寸等 |
| | 1/5M | 20 | |
| | 1/2M | 50 | |
| 基本模数 | 1M | 100 | 构件截面、建筑制品、门窗洞口、构配件及建筑开间、进深（柱距、跨度）、层高的尺寸等 |
| | 3M | 300 | |
| | 6M | 600 | |
| 扩大模数 | 15M | 1500 | 建筑的跨度、柱距（进深、开间）、层高及建筑构配件的尺寸等 |
| | 30M | 3000 | |
| | 60M | 6000 | |

### 3.1.4.2　层高

办公建筑的层高主要由使用要求所需的净高和安装吊顶后吊顶内部的高度决定的。

（1）影响办公建筑净高的主要因素有：①室内空间的心理感受；②室内环境的要求：自然采光、照明方式、空调方式等；③消防要求：排烟与消防喷淋方式等。

（2）影响吊顶内部高度的因素有：①结构板及梁所占的高度；②设备管线布置所占高度：空调干管、照明灯具、电缆桥架消防喷淋管道等；③吊顶自身构造高度和富余量。

（3）室内净高。办公室的室内净高不得低于 2.6m，设空调的可不低于 2.4m，走道净高不得低于 2.1m，储藏间净高不得低于 2m。

# 3.2　高层办公楼电梯设置原则

电梯是多层尤其是高层办公建筑的主要交通工具。电梯的选用和在建筑中的布局对整栋办公建筑的使用效率影响极大，而且电梯的造价在建筑总造价中占有很大的比例。以下是电梯设置的相关内容。

## 3.2.1　电梯设置规定

是否设置电梯一般是由办公建筑的高度决定的。现行《办公建筑设计规范》规定：六层及六层以上办公建筑应设电梯。此外，现行《高层民用建筑设计防火规范》规定：一类及 32 m 以上的二类办公建筑应设消防电梯。相关规定见表 3-9 ~ 表 3-11。

表 3-9　　办公建筑高度划分的规定

| 名称 | 多层办公楼 | 高层办公楼 | 超高层办公楼 |
|---|---|---|---|
| 建筑高度（m） | < 24 | 24 ~ 100 | > 100 |

表 3-10　　高层及超高层办公建筑分类

| 类别 | 一类办公建筑 | 二类办公建筑 |
| --- | --- | --- |
| 建筑高度 /m | > 50 | ≤ 50 |

表 3-11　　办公建筑消防电梯的设置数量

| 高层主体部分最大楼层的建筑面积 /$m^2$ | ≤ 1500 | 1500 ~ 4500 | ≥ 4500 |
| --- | --- | --- | --- |
| 消防电梯数量 / 台 | 1 | 2 | 3 |

## 3.2.2　电梯的选型与台数确定

办公建筑电梯的确定涉及办公建筑的性质、规模、各层人数、高峰时间乘客集中率、电梯停层方式、速度和控制系统以及经济造价等因素。

一般可通过查表的方法为方案设计阶段提供参考，见表 3-12。

表 3-12　　办公建筑电梯采用数量及主要技术参数参考表

| 标准类别 | | 数量 | | | | 额定载重量 /kg 乘客人数 / 人 | | | | | 额定速度 /（m/s） |
| --- | --- | --- | --- | --- | --- | --- | --- | --- | --- | --- | --- |
| | | 经济级 | 常用级 | 舒适级 | 豪华级 | 630 | 800 | 1100 | 1250 | 1600 | |
| 办公 | 按建筑面积 /（$m^2$/ 台） | 6000 | 5000 | 4000 | 小于 4000 | 8 | 10 | 13 | 16 | 21 | 0.63<br>1.00<br>1.60<br>2.50 |
| | 按办公有效使用面积 /（$m^2$/ 台） | 3000 | 2500 | 2000 | 小于 2000 | | | | | | |
| | 按人数 /（人 / 台） | 350 | 300 | 250 | 小于 250 | | | | | | |

注　1. 本表电梯台数不包括消防电梯，消防电梯的设置另见现行《高层民用建筑设计防火规范》。
　　2. 应配置 1~2 台能供轮椅使用者进出的电梯。

## 3.2.3　电梯的布置原则

1. 分层分区

（1）每一区段的楼层数在 10 层左右。

（2）注意竖向交通不同区段之间的相互衔接。

（3）电梯大厅内，对于电梯的服务楼层要有明确的标志，并设置在容易看到的地方。

2. 布置集中

为提高运行效率、缩短候梯时间、降低建筑造价，电梯应尽可能集中设置。

3. 分层分区

现行《办公建筑设计规范》规定：建筑高度超过 75 m 的办公建筑电梯应分区或分层使用，即将电梯分高、中、低层运行组。

4. 适当分隔

电梯厅和建筑内主要通道应分隔开，避免人流相互影响。

### 3.2.4　高层办公楼电梯的服务方式

1. 全程服务

即一组电梯在建筑物的每一层均停车开门。

2. 分区服务

在一般高层办公建筑中，可采用奇数、偶数层分开停靠的方式；在超高层办公建筑中通常将电梯服务层分区分段，以充分利用电梯的输送能力。也有在办公建筑上部设置转换厅以接力的方式为上区服务。

## 3.3　现代办公楼的空间划分与处理原则

都市里的工作节奏日益加快，人们待在办公室里的时间也许比待在家里的时间还要多些。如果说居住类空间是温暖的、亲情的、具有休息与放松氛围的，那么办公类空间则是高效率的、竞争性的、级别分明的，是理性的工作场所。办公空间室内设计最大目标就是要为工作人员创造一个舒适、方便、卫生、安全、高效的工作环境，以便更大限度地提高员工的工作效率，并建立一种人与人、人与工作的融洽氛围。

办公类空间从所属上可分为行政性办公空间、商业性办公空间、综合性整体办公空间等类型，其空间形态可概括为四大类：蜂巢型、密室型、鸡窝型及俱乐部型。企业和部门的工作特性对办公类空间的设计风格起决定作用。

### 3.3.1　现代办公楼的空间划分

完整的办公类空间一般由进厅、员工办公室、管理者办公室和会议室等主要部分组成，另外包含资料室、档案室、储藏室、会客室等辅助房间和卫生间、更衣室、茶水供应室等服务房间。

#### 3.3.1.1　进厅（接待室、收发室等）

进厅是带给客户对企业第一印象的场所，一定程度上体现整个办公空间的设计风格。进厅一般有接待、收发等服务性功能，设计时需要对企业形象有准确的定位，并清晰地将企业文化内涵表现出来（图 3-4）。

图 3-4　进厅设计

### 3.3.1.2 员工办公室

1. 封闭式员工办公室

封闭式员工办公室一般为个人或工作组共同使用，其布局应考虑按工作的程序来安排每位职员的位置及办公设备的放置，通道的合理安排是解决人员流动对办公产生干扰的关键。在员工较多、部门集中的大型办公空间内，一般设有多个封闭式员工办公室，其排列方式对整体空间形态产生较大影响。采用对称式和单侧排列式一般可以节约空间，便于按部门集中管理，空间井然有序但略显呆板（图 3-5）。

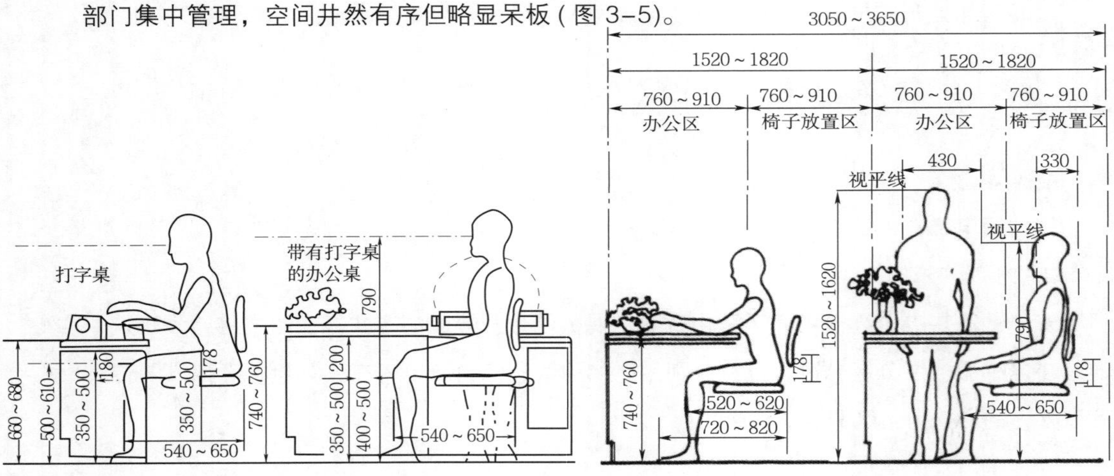


图 3-5 封闭办公尺度

2. 开敞式员工办公室

开敞式员工办公室是指一个开敞的空间由若干员工及管理人员共同使用，也称为景观式办公室。开敞式员工办公室的平面布局表面上呈不规则状态，实际上应按照各种职业的工作流程及景观要求布局，强调员工之间的平等、自由的工作关系，强调信息交流的功能，有较高的灵活性和利用度，有助于简化管理（图 3-6）。

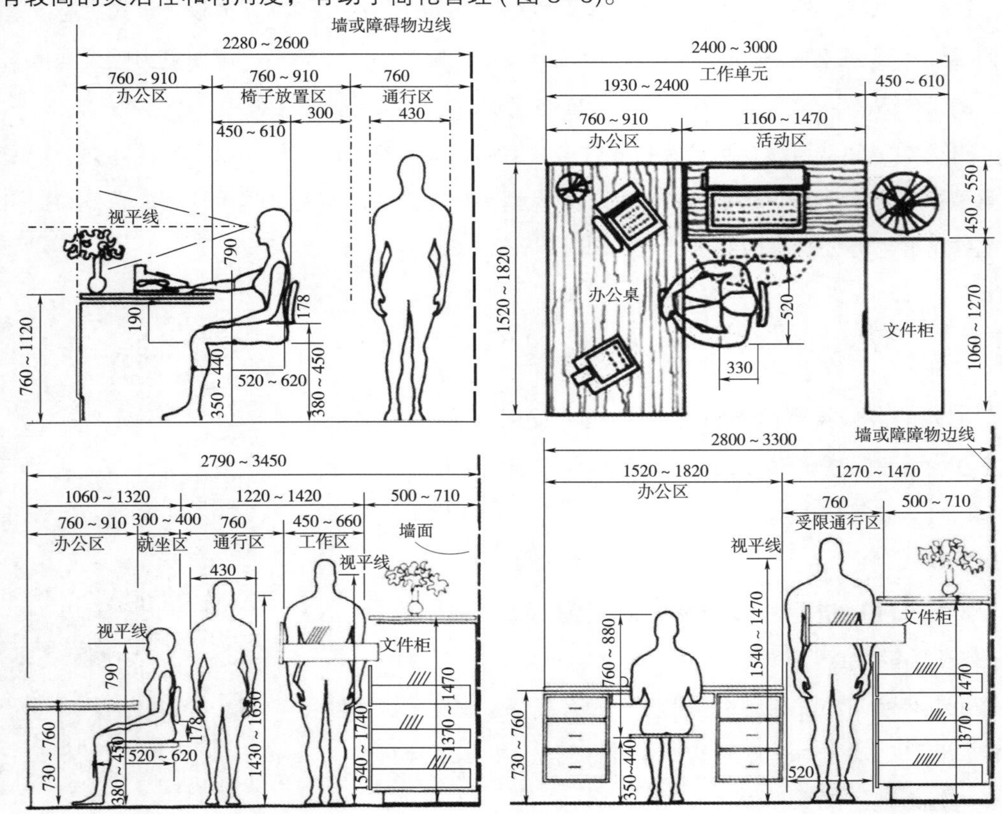


图 3-6 开放办公尺度

3. 单元式员工办公室

随着计算机等办公设备的日益普及，单元式员工办公室利用现代建筑的大开间空间，选用一些可以互换、拆卸的，与计算机、传真机、打印机等设备紧密组合的，符合模数的办公家具单元分隔出空间。

单元式员工办公室的设计可将工作单元与办公人员有机结合，形成个人办公的工作站形式，并可设置一些低的隔断，使个人办公具有私密性，在人站立起来时又不障碍视线；还可以在办公单元之间设置一些必要的休息和会谈空间，供员工之间相互交流（图 3-7）。

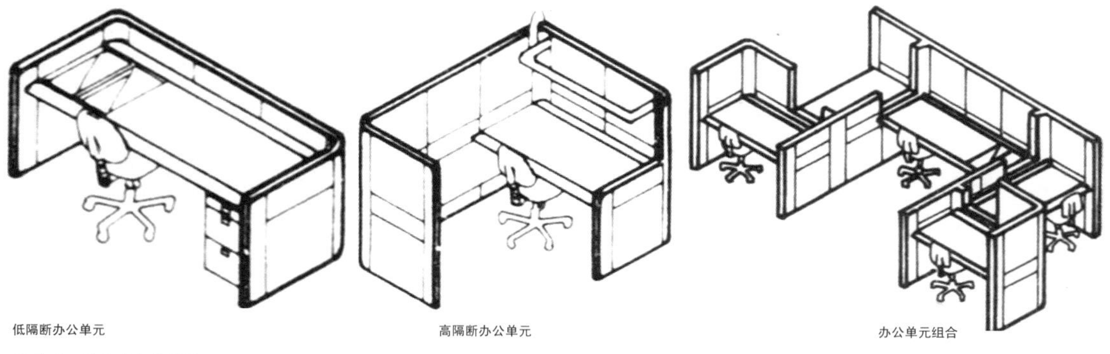

图 3-7　单元式办公尺度

### 3.3.1.3　管理者办公室

管理者办公室就是主管人员的独用办公室。与一般员工办公室不同的是，管理者办公室的设计与管理人员的级别地位有直接联系，可根据工作地位、访问者人数等确定面积与设计风格。一般来说，主管人员办公室，面积最小不得小于 10m$^2$，有时需要配置秘书间、专用会议室、卫生间、会客间和休息室等。装饰风格宜庄重典雅，体现企业的形象和实力（图 3-8）。

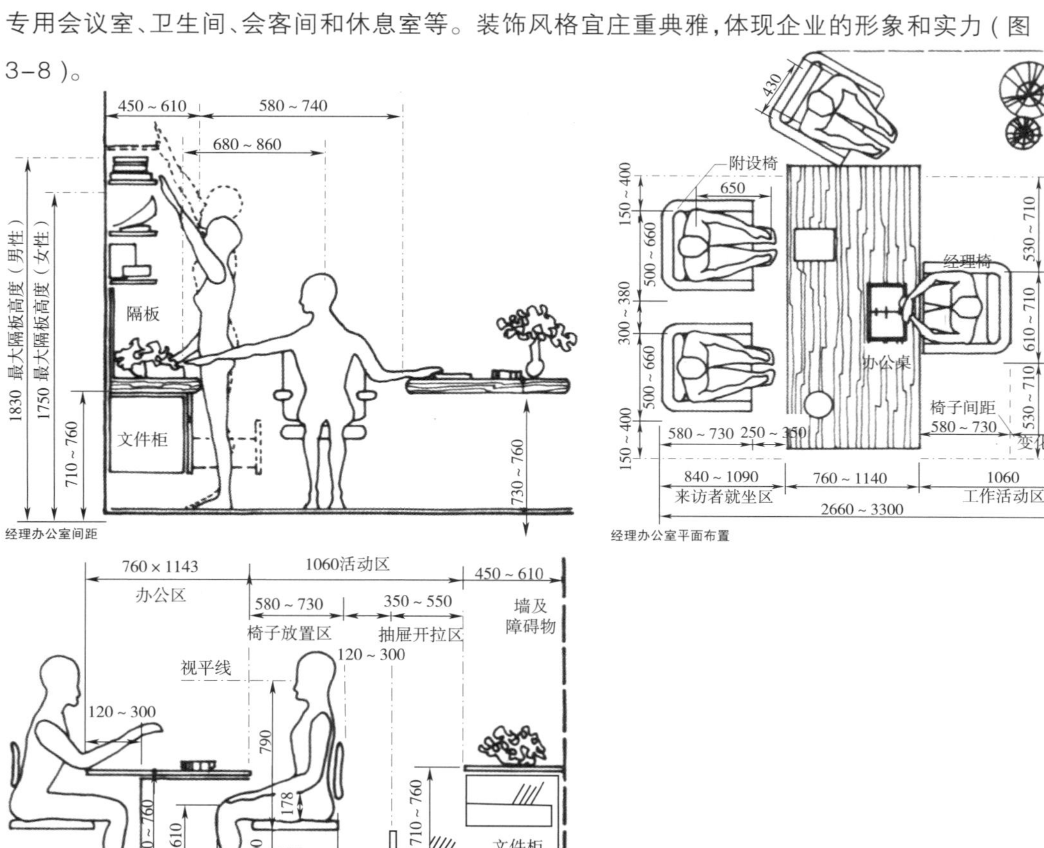

图 3-8　管理者办公室的相关办公尺度

### 3.3.1.4 会议室

会议室是用来议事、协商的空间，它可以为管理者安排工作和员工讨论工作提供场所，有时还可以承担培训和会客的功能。会议室内一般配置多媒体设备和会议桌椅，须根据人数的多少、会议的形式、会议的级别等因素来确定座位布置形式。会议室的面积应根据平均出席的人数确定，空间形态和装饰用材应考虑室内声学效果（图 3-9）。

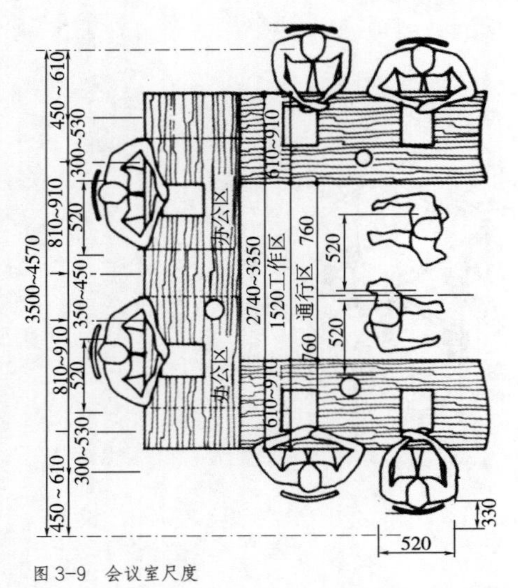


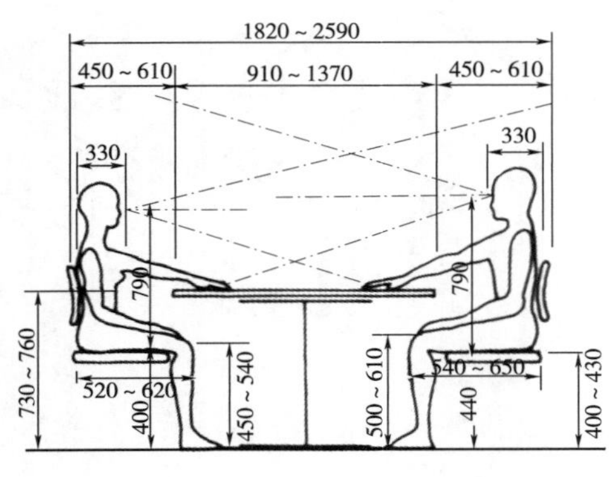


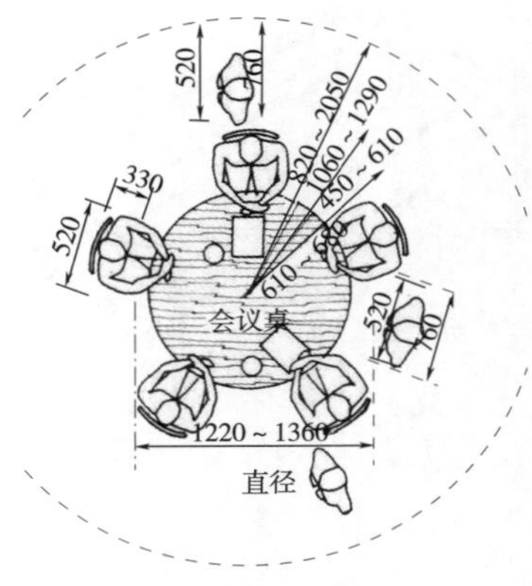


图 3-9 会议室尺度

### 3.3.1.5 财务室

财务室是用于管理公司账目收入支出等的空间，一般多设置成封闭的形式，空间独立，保密性强，不受外界干扰。

### 3.3.1.6 休息室

休息室是供员工休息、交流、冥想之用，空间形式多样可封闭可开敞，根据办公性质的不同而定。

表 3-13 卫生间卫生洁具数量指标

| 分类 | 男卫生间 | 女卫生间 |
|---|---|---|
| 洗手盆 | 1 套 /40 人 | 1 套 /40 人 |
| 大便器 | 1 套 /40 人 | 1 套 /40 人 |
| 小便器（小便槽） | 1 套 /40 人<br>（小便槽：0.6m/ 套） | |

注 1. 每间卫生间大便器 3 套以上者，其中一套应设坐式大便器。
2. 设有大会议室的楼层应相应增加厕位。
3. 专用卫生间可只设坐式大便器、洗手盆和面镜。

### 3.3.1.7 卫生间（厕所）

卫生间是办公建筑内部的重要生活空间。应力求清洁、明亮、方便、舒适。按《办公建筑设计规范》（JGJ 67—2006）规定如下：

（1）卫生间距离最远的工作点不应大于 50m。

（2）卫生间应设前室，前室内宜设置洗手盆。

（3）卫生间应有自然采光和不向邻室对流的直接自然通风；条件不可时，应设机械排风装置。

（4）卫生洁具数量应符合规定要求，见表 3-13。

此外，办公建筑内卫生间的设计还应符合现行《无障碍设计规范》（GB 50763—2012）的要求。

### 3.3.1.8 多功能室

现行办公建筑为提高会议室的利用率，使会议室成为除具有开会功能外还兼有放映、娱乐等多项功能的会议室（厅），以及可利用通信线路，接受发送图像、声音等信息信号，来实现异地进行会议的电话、电视会议室（图 3-10）。

按现行《办公建筑设计规范》（JGJ 67—2006）规定如下。

图 3-10 电话、电视会议室

（1）多功能会议室（厅）宜有电声、放映、遮光等设施。

（2）有电话、电视会议要求的会议室，应有隔声、吸音和遮光措施。

## 3.3.2　办公空间设计原则

办公空间的布局、通风、采光、人流线路、色调等设计适当与否，将影响到工作人员的精神状态及工作效率。做好办公类空间的设计与规划，使员工拥有一个高效、轻松、愉悦的工作环境，应注意以下几点原则。

1. 应深入了解企业文化和内部机构设置

只有充分了解企业类型和企业文化，才能设计出能反映该企业风格与特征的办公空间；只有充分了解企业内部机构和人员配置，才能确定各部门所需面积和办公设施；还应了解公司的扩展方向，这样便于为企业预留发展空间（图3-11）。

图3-11　办公空间的企业文化表现

2. 注重营造秩序感

设计中的秩序，是指形的反复、形的节奏、形的完整和形的简洁。秩序感是办公空间设计的一个基本要素，办公空间设计也正需要运用这些原理来创作。营造办公空间的秩序感，所涉及的面很广，如家具样式与色彩的统一、平面布置的规整性、隔断高低尺寸与色彩材料的统一、天花的平整性与墙面不带花哨的装饰、合理的室内色调及人流的导向等。这些都与秩序密切相关，可以说秩序在办公空间设计中起着最为关键的作用（图3-12）。

3. 充分考虑工作流程特性，创造快捷方便的工作环境

办公空间的布局应着重考虑其工作的性质、特点及各工种之间的内在联系。应了解工作的流程特性，并根据作业流程确定布局，避免整个工作的进展交叉移动。服务性空间（如茶水间、文印室等）的分布要顾全整体，能为整个办公系统提供快捷方便的服务。利用空出的角落营造一些非正式的公共空间，可以让员工自然地互相交流，在轻松的氛围中讨论工作（图3-13）。

4. 色调处理宜明快轻松

明快轻松的办公氛围一般需要干净明亮的色调，布置合理的灯光、充足的光线等，这是办公室的功能要求所决定的。总体环境色调淡雅明快可给人一种愉快心情和洁净之感，同时也可以增加室内的采光度（图3-14）。

5. 控制噪音等不利因素的干扰

办公空间的营造还应该控制噪音等不利因素的干扰，底界面应考虑步行产生的噪声，可铺设塑胶面、地毯或木地板等降噪材料，顶界面应采用质轻并具有一定的吸声作用的材料，侧界面可以采用隔音性能较好的材料。同时，在布局上应注意将空调机房等噪声大的服务性设施与办公空间保持一定距离，避免过多的人流穿插对办公产生干扰。

图 3-12 办公空间的秩序感

图 3-13 办公空间的氛围

图 3-14 办公空间的色调

# 3.4 室内物理与心理环境要求

办公空间对办公人员的身心健康和工作效率关系最为密切，影响最大的因素是办公空间的物理和心理环境。

## 3.4.1 办公物理环境

办公空间内的热、光等空气质量等物理因素的综合，构成室内的物理环境。现代办公空间内环境设计十分重视各项设施设备的合理选用和配置，以符合人们的卫生要求和舒适程度。

从室内设计和装修构造及选材的角度看，办公空间空调风口的准确布置、照明方式的合理配置、界面材料的选择，都将与室内物理环境的整体品质密切关联。

## 3.4.2 办公心理环境

影响室内工作人员的心理环境的因素很多，室内空间的大小和形状、室内灯光照明和界面选材等形成的整体光色氛围，办公设备的材质色彩造型等视觉感，都会对工作人员产生心理影响。协调的空间比例尺度，明快和谐的色调，以及精心配备的家具饰品，常会对工作人员带来愉悦的心理感受。

另外不能忽视室内设计中的视觉体验。办公空间室内设计的目的就在于创造具有文化价值和审美意向的空间环境，具体地说就是要创造或轻松或庄重、或朴素或华丽、或开放或私密、或野趣盎然或精雕细琢的人工环境。所有这些目的成功完成的标志就在于观者（使用者）心理上的感受是否和设计意图相一致（图3-15）。

图3-15　办公空间中景观效果

当观者（使用者）作为一个审美主体进入具体的限定空间时，其必然会产生全方位的心理感受。影响这些心理感受的因素是多方面的。有视觉的、听觉的、嗅觉的、触觉的，其中最为快捷直接的乃是视觉。视觉感受可以包括空间、色彩、光照、材质和肌理等诸方面。这些视觉因素都可以在人的心目中产生室内或轻或重的量的感受。从广义的范围来看，可以用视觉量感这一概念来加以概括。

办公空间造型是影响视觉量感的主要因素之一。高大空旷而造型简单的室内会使人觉得虚幻缥缈，有一种轻的视觉量感。比如酒店大堂，一般采用大理石、花岗岩等石材装修，其本身的实际重量不可谓不重，但由于其高大空旷、造型简练，人们往往会觉得它轻盈明快，有轻的视觉量感。欧洲古典风格的建筑常造型复杂，装饰繁复，重重的拱门，各向的弧线，就容易造成重的视觉量感。就我国古代建筑而言，南方建筑灵巧秀丽，北方建筑则肃穆端庄。因而在室内设计中，南方建筑有轻的视觉量感，北方建筑则视觉量感较重，特别明显的例子是窗户的运用。南方建筑中窗户多而且大，细细的线型窗格装上窗纸、窗纱、玻璃，轻盈之感顿生，这是明线造型产生的轻的视觉量感，最为典型的就是苏州园林亭台楼阁中的各式花窗。

色彩也是影响视觉量感的一个重要因素。一般说来，明度高、纯度高的色彩给人以轻的视觉量感。当会议室中运用明度和纯度较高的色彩时，与会者会产生一种轻的视觉量感，人们会发言踊跃，无拘无束；而当他们进入另一个色彩凝重的会议室时则会正襟危坐，态度严谨，也就是说，明度和纯度较低的色彩易于使人产生重的视觉量感，从而产生肃穆端庄的心理。

光照是影响视觉量感的又一个因素。当室内处于明亮光线照射下的时候会产生轻的视觉量感，而处于暗淡光线照射下的室内则有重的视觉量感。对此可以用夜幕中同样大小的两幢楼房来做对比：一幢楼房的每一个房间都灯火辉煌，而另一幢则漆黑一片，前者会给人以轻的视觉量感，后者则使人有重的视觉量感。同时，光照下所产生的阴影对视觉量感也有极大的影响。在室内设计中由于装饰的需要常有一些凸出的部分，这些凸出部分产生的阴影会增加此部分的分量，因此必须预先有所考虑。

材料和肌理对视觉量感的作用也是不可忽视的。一般说来，表面光滑的材料有轻的视觉量感。同样的一块大理石，当它处于毛坯状态时会有重的视觉量感，而一旦把它刨光加工变得光滑剔透，就会觉得它似乎轻了一些，在各种建筑物的大堂中常有承重柱的存在，为了虚化柱子的重量感，设计师就给它们装上抛光金属板或镜子，以反射减弱甚至掩饰它的存在。相应的，表面粗糙、对光线反射率低的材料有重的视觉量感。当地面铺上地毯时，人们会觉得视觉稳定，而当改做大理石时则往往更为明快轻盈。

一个室内设计中同时包含有空间、造型、色彩、光照、材质和肌理等诸方面的设计，其视觉量感的轻重就是各种因素共有作用的结果。有的建筑物的大堂达数层楼高，显得空旷、轻飘，设计师就装上金黄色的水晶灯从上而下垂挂着，通过造型、色彩、光照来改变人们的视觉感受，运用的道具很简单，可收到的效果却很满意。又比如，设计师为了制造室内庄重典雅的气氛，往往使用古典风格的造型，繁复的修饰、凝重的色彩、古朴的木质材料，这也是为了营造重的视觉量感以达到预期的目的（图 3-16）。

图 3-16 奇特的空间造型给人不同的视觉及心理感受

# 课后任务

本单元作业命题：选择一套现代办公楼设计图进行分析。

具体要求：了解该作品，经过分析讨论，写出书面分析报告。

# 参考书目

[1] 焦铭起 . 办公建筑设计图说 [M]. 济南：山东科学技术出版社，2006.

[2] 邓宏 . 办公空间设计教程 [M]. 重庆：西南师范大学出版，2007.

[3]（德）Thomas Amold，等 . 办公大楼设计手册 [M]. 大连：大连理工大学出版社，2005.

# 第4单元 现代办公空间的设计原理

**学习目的**

本单元主要学习目的是了解办公空间内各功能空间的主要设计尺度及总体设计要求，了解家具尺寸及活动的空间尺度。办公空间材料、色彩、照明、家具等各因素对室内设计的影响。

**学习重点**

掌握办公空间的界面处理，办公空间中材料、色彩、照明、家具的设计原理。

# 4.1 室内办公空间的设计要点

室内办公空间的各功能用房布局形式、面积比、综合交通规划等方面的要求分列如下。

（1）室内办公、服务及附属设施等各类用房之间的面积分配比例、房间的大小及数量，均应根据其办公空间的使用性质、建筑规模和相应标准来确定，室内平面布局既应从现实需要出发，又应适当考虑功能、设施等发展变化后进行调整的可能。

（2）室内办公空间的各功能用房所在位置及层次，应将与对外联系较为密切的部分，布置在进出入口或靠近进出入口的主通道上，如把收发接待室设置于出入口处，会客接待室以及一些具有对外性质的会议室和多功能厅设置于近出入口的主通道上，注意安全疏散通道的组织。

（3）综合型办公空间不同功能的联系与分隔应在平面布局和分层设置时予以考虑。当办公场所与商场、餐饮、娱乐等设施组合在一起时，应单独设置不同使用功能的出入口，以免相互干扰。

（4）从安全疏散和有利交通的方面考虑，线形走廊远端房间门至垂直交通楼梯口或电梯口的距离不应大于 2200mm，单面设房间的走廊净宽应大于 1200mm，双面设房间应大于 1600mm，走廊吊顶标高不低于是 2100mm。

# 4.2 室内办公空间的界面处理

对室内空间分隔所组成的元素而言，最基本的是地面、墙面和天棚。对地面、墙面和天棚的处理，即是对底界面、侧界面和顶界面（简称为“三面”）的处理。“三面”处理不仅仅是对一般的建筑室内装修的表面处理，更主要的是如何将这“三面”的处理同整个室内环境气氛设计有机地结合，它既有技术的因素，又有美学的因素。其功能的体现更重要的是在心理上和精神上给人一个舒适的工作环境。

室内办公空间各界面的处理，应考虑管线铺设、连接与维修的方便，选用不易积灰、易于清洁、能防止静电的底、侧界面材料，界面的总体环境色调宜淡雅，如略偏冷的淡水灰、淡灰绿，或略偏暖的淡米色等，为使室内色彩不显得过于单调，可在挡板、家具的面料选材上适当考虑色彩明度与彩度的配置。

## 4.2.1 底界面

办公室的底界面应考虑尽可能减少行走时的噪声，管线铺设与电话、电脑等的连接问题等，可在底界面的水泥粉光地面上铺优质塑胶类地毡，或水泥地面上铺实木地板，也可以在面层铺以橡胶底的地毯，使扁平的电缆线设置于地毯下（图 4-1）。智能型办公室或管线铺设，要求具有较高空间的办公室应在水泥楼地面上设置架空木地板，使管

图 4-1 底界面铺设

线铺设、维修和调整均较方便。设置架空木地板后，室内净高相应降低，但其高度仍应不低于 2.4m。由于办公建筑的管线设置方式与建筑及室内环境关系密切，因此，在设计时应与相关专业人员相互配合和协调。

## 4.2.2　侧界面

办公室的侧界面处于室内视觉感受较为显要的位置。造型和色彩等方面的处理仍以淡雅为宜，以利于营造合适的办公氛围，侧界面常用浅色系列乳胶漆涂刷，也可贴以墙纸，如隐形肌理型单色系列的墙纸等，有的装饰标准较高的办公室也可用胶合板做面材，配以实木压条，根据室内总体环境以及家具、挡板等的色彩与质地，木装修的墙面或隔断可选用以柳桉、水曲柳为贴面的中间色调，或以桦木、枫木为贴面的浅色系列。色彩较为凝重的柚木贴面，通常较多地用于小空间、标准较高的单间办公室内（图 4–2）。

图 4–2　侧界面柚木贴面处理

为使通往大进深办公室的建筑内走道能有适量的自然光，常在办公室内墙一侧设置带窗的隔断（当内墙为非承重墙时可设隔断；为承重墙时则应在结构设计阶段考虑预留窗孔），通常设置高于视平线的高窗，或按常规窗台高低（900 ~ 1200cm 高）以乳白玻璃分隔，使内走道具有间接自然光。

## 4.2.3　顶界面

办公室顶界面应质轻并具有一定的光反射和吸声作用，设计中最为关键的是必须与空调、消防、照明等有关设施工种密切配合，尽可能使吊平顶上部各类管线协调配置，在空间高度和平面布置上排列有序，例如吊顶的高度与空调风管高度以及消防喷淋管道直径的大小有关，为便于安装与维修还必须留有管道之间必要的间隙尺寸，同时，一些嵌入式的吸顶灯，灯座接口、灯泡大小以及反光灯罩的尺寸等也都与吊平顶划块大小、安装方式等统一考虑，吊平顶常用具有吸声功能的矿棉石膏板、塑面穿孔吸声铝合金等材料，具有消防喷淋设施的办公室，还需经过水压测试后才可安装吊顶面板（图 4–3）。

图 4–3　顶界面处理

# 4.3 办公空间材料、色彩、照明设计原理

办公空间的光照设计都有其自身的整体系统，并且，各个办公区的光照之间存在着某种联系。如采取自上而下平均分布的方式，采取衍射、反射的方式配置等。优秀的设计不是孤立地去处理采光、照明的关系，而是在一种内在的关联之中去发现和表达这种联系，从而形成一种特定的光序列，创造优良的光环境。

## 4.3.1 办公空间设计中的色彩运用

按规律，室内色彩设计大致分为两大类：关系色类和对比色类。关系色类包括单色相和类似色相，对比色类包括分裂补色、双重补色、三角色、四角色等多种色彩设计类型。总之，无论哪一类型的色彩计划，都必须考虑室内设计的综合效果，并需要加以制定。

图 4-4 补色的运用

图 4-5 黑、白、灰处理

### 4.3.1.1 色彩的和谐

设计师向来关心和研究的主要是色彩的和谐，怎样才能使办公空间的色彩搭配更趋于合理，如何能使各种色调变化最融洽地相互结合在一起。色彩运用的一条重要规律是“和谐”，平衡便可以取得和谐。视觉的生理和心理特征要在神经大脑中求得平衡，是要通过色彩给人的视觉，大脑以平衡条件，从而达到精神的愉悦。从实践的观点看，次序论的基本原则是寻求一种较为单纯的、有限的、稳定的和谐；而对比论的基本原则着重于寻求一种更为广阔的、有动力的、矛盾统一的和谐。前者具有较重的主观性，后者力图强调要将和谐建立在客观（主要是补色规律）的基础之上（图 4–4）。

### 4.3.1.2 单色相在办公空间色彩设计中的运用

单色相，顾名思义即选择一种适当的色相，使室内整体上有一个较为明确的、统一的色彩效果。在设计中，充分发挥明度与彩度的变化作用，以及白、灰和黑色等无彩色系列色的配合，把握好统一而适度的色调，这样就能够创造出鲜明的室内色彩氛围，并充满某种情绪（图 4–5）。有了较为明确的色彩倾向，色彩的表现特征才会显现出来，整个室内空间显得明快、开阔、气氛高雅。

#### 4.3.1.3　类似色彩在办公空间色彩设计中的运用

类似色彩用于室内的色彩设计中会使人感觉到有一种在统一中求变化的视觉效果，在运用类似色彩的同时也可以适当加入无彩色系的色彩予以配合，根据奥斯华德色彩和谐原理，凡是在 75° 之间的色彩皆具有类似、和谐的效果；根据孟・史斑莎色彩和谐原理，类似色是指 0° 所标示的选定色与 25° ~ 43° 之间的色彩所形成的组合彩色，但 0° ~25° 之间的色彩将造成暧昧效果。在理论上，两个原色之间的色为协调类似色。

#### 4.3.1.4　案例：无“色”计

作品形式单纯，强调了内部空间的物质反应，以凝练的形式表达出丰富细腻的情感。

办公空间色彩的设计，首先要根据对象确立一个色彩基调，也就是色彩的总倾向。决定色调的主要因素在于光源色和物体本身固有的色彩倾向，为了实现室内色彩设计的和谐效果，可通过装饰材料的选择、室内陈设的色彩设计、光源的利用，包括对日光源和人工光源的合理利用等来完成（图 4-6）。因为，没有光线，一切视觉现象都不可能存在。但是，室内光线，一方面必须要能满足功能的需要，要有使用价值；另一方面，则又要求能满足表现视觉效果和情感因素的需要。只要将这些因素进行综合调节运用，就不难营造出一个赏心悦目的、有着独特情调的办公空间环境氛围，并且能与人的感觉达成一致。

图 4-6　材料、色彩、光源的联系

## 4.3.2　办公空间的采光、照明设计

随着城市经济的发展，城市化进程的加快，城市信息、经营、管理等方面都有了新的要求，相应的办公建筑得到迅速的发展；以现代科技为依托的办公设施项目日新月异，使现代办公模式复杂多变，使人们对于办公空间室内环境行为模式的认识，从观念上不断更新、丰富。

#### 4.3.2.1 一般办公空间室内照明设计

办公空间进行的工作包括阅读、书写、交谈、思考、计算机及其他办公设施的操作等。一般办公空间多指普通职员工作的办公空间，这种办公空间面积多为中大型的，例如，目前较为流行的开放型景观办公空间就是代表类型之一。在这种空间中，办公家具根据需要经常变动，隔墙可以按需添减、移动，从照明的角度来说，无论办公室内的平面布局如何调整，必须总是能够适应工作台面照明的需要，并避免妨碍视觉工作的眩光（图 4–7）。

在一般办公空间的视觉环境中，对照明质量有影响的因素有：①照度；②眩光（来自光源的直接眩光和光源在左面等处的反射眩光）；③光色、显色性；④内亮度分布以及室内开空间的光照方向和强度；⑤房间的形状和色彩；⑥窗的有无、形状、大小和窗外的景观等。

图 4–7 一般办公空间室内照明

1. 关于照度

通常，在一般办公空间内应保持较高的照度，以利于在此环境中较长时间从事文字性工作的人员的身心健康，同时，增加室内的照度及亮度也会使空间产生开敞明亮的感觉，有助于提高工作效率，提升部门形象。

虽然要求的照度随作业对象和内容的不同而不同，但在进行一般作业的办公桌上的推荐照度是 750lx，对于处理精细作业并且由于太阳光的影响而感到室内有些暗时，桌面的推荐照度 1500lx。在确定照度时，不仅对视力方面而且对心理的需要程度也必须考虑。国外有人从心理的观点研究，认为通常在读书之类的视觉工作中至少需要 500lx。而为了进一步减少眼睛的疲劳，需要 1000~2000lx。

目前，数字化、无纸化办公方式从根本上改变了传统的办公习惯，办公室工作的视线方向变为与电脑屏幕近乎垂直的状态。视线的变化对照明环境有了全新的要求，特别是屏幕上产生的室内发光体( 如灯具窗户等 )的影像成为视觉干扰的主要内容。为应对这种变化，间接照明在办公室中比直接照明被认为更具有适用性，它既可以减少屏幕影像干扰，又能使视场中看到的室内光环境更加舒服。显然，除了以水平面作为基准平面的办公空间照度标准值以外，还应认真研究和应用半间接的室内照明方式。

在办公空间中，虽然都是从事案头作业，但由于作业目的和性质的差异，所需求的环境照明也会不同，即照明设计要兼顾视觉作业及相应的环境氛围，以通过照明来调动情绪使保持状态和集中精力。从满意度看办公空间作业所要求的照度，由于工作性质的不同，所要求的照度也不相同。

2. 室内亮度分布

一般情况下，对于中大型办公空间，在顶棚有规律地安装固定样式的灯具，以便在工作面上得到均匀的照度，并且可以适应灵活的平面布局及办公空间的分隔，这称为一般照明方式。工作环境照明方式则是在一般照明的基础上，为工作区提供作业要求的照度。同时，在其周围区域提供比工作区略低的照度。有时，也会采用其他照明方式，如采用间接照明手法，通过反射光来改善顶棚因背向照明灯具而导致大幅降低的亮度，并适当使大面积的顶棚产生亮度变化，增添空间情趣。

（1）室内照明与自然采光相组合。办公空间一般在白天的使用率最高，从光源质量到节能都要求大量采取自然光照明，因此办公空间的人工照明应该考虑与自然采光相结合（图 4-8）。

一般说来，当自然光从窗和门射入时，可以通过窗和门的开闭，以及窗和门的位置、角度与造型变化来营造某种空间效果，还可以通过窗帘、窗门纱、百叶窗以及不同质感的玻璃的折射，反光板的各种造型、材质、色泽设计等处理，营造某种空间效果。固定的灯光都是定点、定位的投射，但可以通过调整光照与质的关系，达到理想的采光效果。无论是自然光照的设计手法，还是人工采光设计，都能看到光照之间静与动的相辅相成关系给环境带来的生动局面。例如从大格窗射进的自然光感过强时，便可以于工作时用格栅减弱炫目的强光，以弱直射与强射光创造出室内的柔和光环境（图 4-9）。

图 4-8　室内照明与自然采光相结合

图 4-9　自然光从大隔窗射入

（2）人工光源的使用是提供功能照明、营造良好光环境的主要条件，由于人工光源的可变性和可调节性使其被广泛地应用于室内空间的各个方面。在照明方面，根据办公工作性质对照明的要求和空间功能对照明的需要来决定照度和照明的方式。顶光和前方墙面的大面积开窗充分利用了自然光线的优势。

3. 减少眩光现象

办公空间是进行视觉作业的场所，所以注意眩光问题很重要。

（1）选择具有达到规定要求的保护角的灯具进行照明，也可采用格栅、建筑构件等来对光源进行遮挡，这些都是有效限制眩光的措施。为灯具配置格栅还有助于防止光源干扰电脑屏幕画面。

（2）为了限制眩光可以适当限定灯具的最低悬挂高度，因为通常灯具安装得越高，产生眩光的可能性就会越小。

（3）努力减少不合理的亮度分布，可以有效抑制眩光。比如，使墙面、顶棚等采用较高反射比的饰面材料，在同样照度下，可以有效地提高亮度，避免空间中眩光产生，同时，还会起到良好的节能效果。

（4）根据 VDT 等发光媒体（电脑屏幕等）的特性来限制灯具的亮度。

4. 灯具的设置

除一般照明外，最常见的就是台面上的局部照明，台面上的局部照明灯具最好是可以移动的，针对不同的需要变动灯位及照射角度。

5. 照明节能

建立节约型社会，照明节能利国利民，意义远大。《建筑照明设计标准》（GB 50034—2004）规定了办公建筑室内空间照明功率密度值（照明功率密度是指单位面积上的照明安装功率，包括光源、镇流器或变压器，单位为 $W/m^2$）。

### 4.3.2.2 营业性办公空间室内照明设计

营业性办公空间是指银行、证券公司的营业厅以及火车站、汽车站、民航售票处、旅行社的售票厅等对外营业的办公空间。这种办公空间一般层高比较高，空间较大，功能区划丰富多变，既有内部员工工作区域、公共活动区域等，又有对外服务的柜台、设备等。

营业厅的照度要比一般办公室有更高的照度，通常为 750 ~ 1500lx，这是因为它是接待顾客的场所。该类空间的布局多直接与室外连接，所以应该减少室内外亮度的悬殊差异，避免使顾客从明亮的室外进到室内时产生视觉不适，同时，也是为了防止工作人员逆光观察顾客，以致很难看清楚顾客的表情而影响服务质量。

因此，营业办公空间的照明必须提高桌面上的水平照度，同时，针对客人面部等处采用足够的垂直照度进行照明。提高了垂直面的照度即提高强面照度的照明方式会使房间变得宽敞，制造出活跃的气氛，这对于营业性办公空间也是非常重要的。

在银行营业厅等空间中，从空间比例和期望给予客人的印象等方面来考虑，多数情况下采用较高大的空间，顶棚较高，照明器的安装高度随之提高（图 4-10）。为了在同一工作面上得到相同照度，就要多设置光源，这给经济或维修作业方面带来问题。

### 4.3.2.3 其他场所的室内照明设计

1. 个人办公室室内照明

个人办公室是一个个人占有的小空间，较之一般办公室，顶棚灯具亮度不那么重要，能够达到一般照明的要求即可，更多的则是希望它能够为烘托一定的艺术效果或气氛提供帮助。房间其余部分由辅助照明来解决，这样就有充分的余地运用装饰照明来处理空间细节。个人办公室的工作照明围绕办公桌的具体位置而定，有明确的针对性，对于照明质量和灯具造型都有较高的要求（图 4-11）。

图 4-10 营业性办公空间室内照明

2. 会议室照明

会议室的家具布置没有办公室那么复杂，使用功能也较单一，主要是解决会议桌上的照度达标的问题，照度应该均匀，同时，与会者的面部也要有足够的照明，保证与会者相互之间能够清晰地看清楚对方的表情，尤其应该保证在有窗的情况下防止靠窗的人们显示出轮廓而需要的面部照度。

图 4-11 个人办公室照明

通常，使人的面部表情有足够的垂直照度就能够解决这种现象（图 4-12）。

对于整个会议室空间来说不一定要求照度均匀，相反在会议桌以外的周边环境创造一定的气氛照明，会产生更理想的效果。另外要注意饰品、黑板、展板、陈列、陈设的照明，恰如其分的艺术照明在会议室空间中也经常产生令人叹为观止的效果。

图 4-12　会议室照明

3. 绘图办公室照明

绘图办公室对于照明的质量要求较高，合理的照明可以有效地避免绘图工具产生阴影，有助于提高工作效率（图 4-13）。

（1）照明质量。选择间接照明和半直接照明方式能够减小阴影，采用直接照明方式也同样有效，但必须在绘图桌侧面进行照明，以减少光幕反射。

（2）辅助照明。采用安装在绘图桌上带摇臂的绘图灯进行辅助照明，可以根据实际情况调整，能够有效消除阴影。

图 4-13　绘图办公室照明

4. 档案室照明

档案室的照明应考虑水平、垂直、倾斜三个工作面的照明。档案室的均匀照明是为水平工作面服务的，同时，在档案柜上可设置局部照明，并有单独开关控制。

5. 入口、门厅照明

（1）入口、门厅是办公楼的进出空间，是给人以最初印象的重要场所，要想使公司显得与众不同，能够充分展现公司业务特征及审美品位，除了依靠各界面的装修与装饰，还应该发挥照明的特长来加强展示效果。

（2）入口、门厅以白天使用为主，多数情况是入射大量的天然光，而且因为它是通行的地方，所以，在门厅的照明设计时要注意：①照明的场所和对象，要在图纸上充分调查天然光入射情况或从大厅内观看时的亮度分布情况、探讨在白昼应该进行人工照明的场所和对象；②光源的光色和色温，从门厅的结构和风格考虑，应该创造出与室外相连的感觉的空间或与室外隔绝的感觉的空间等，要和建筑设计人员很好地协商，以确定人工照明的光源的光色和色温；③墙面和人的面部，要考虑提高门厅主要墙面和行人面部的垂直面照度（天然光为背光时面部的照度）的照明方法。

6. 走廊、楼梯间照明

走廊照明注意不要造成由相邻场所往返的人眼睛的不适。荧光灯之类的线状灯具横跨布置可使走廊显得明亮，也可以根据室内设计风格设定导向明确的局部灯光，既可以保障基本照度，又有一定的趣味性（图 4-14）。

楼梯间灯具的布置应努力减小台阶处的阴影和灯具可能产生的眩光，并考虑到灯具的更换与维修方便。

图 4-14　走廊、楼梯间照明

### 4.3.3 办公空间照明设计

办公空间照明设计应注意以下要点。

（1）在组织照明时应将办公室天棚的亮度调整到适中程度，不可过于明亮，以半间接照明方式为宜。

（2）办公空间的使用时间主要是白天，有大量的天然光从窗口照射进来，因此，办公空间的照明设计应该考虑到与自然光相互调节补充而形成合理的光环境。

（3）在设计时，要充分考虑到办公空间的墙面色彩、材质和空间朝向等问题，以确定照明的照度和光色。光的设计与室内三大界面的装饰有着密切关系，如果墙体与天棚的装饰材料是吸光性材料，在光的照度设计上就应当调整提高，如果室内界面装饰用的是反射性材料，应适当调整降低光照度，以使光环境更为舒适。

## 4.4 室内办公空间整体感的形成

整体感的形成离不开人的感知，人对室内办公空间环境的整体印象是一个运动的综合过程。室内办公空间整体形成可以从以下几方面归纳。

图 4-15 同一体块元素的规律重复

### 4.4.1 主题法

主题法即在空间造型中，以一个主要的形式进行有规律的重复，构成一个完整的形式体系（图 4-15）。这种方法无论是在传统设计中，还是多样的现代风格的空间设计中都经常被运用，就好比音乐中的主旋律，尽管经过各种不同的变奏，但它的基调是不变的，始终如一地保持了曲子的和谐与完整性。

### 4.4.2 主从法

图 4-16 通过光的使用使空间充满气氛

在空间造型的结构中，主要的要素有体量、方向、尺度等。在形体构成中的主要要素除前面的要素外，还有量（大小、轻重、厚薄等）、材质（软硬、粗细、透明度、光泽度等）、形（方圆、曲直等）、光（明暗、虚实等）、色（对比、调和等）等。这些关系要素有主有从，主次分明。也就是说，在设计中对空间处理不应该也不可能面面俱到，着重表现什么，从哪方面体现空间的特点等，首先都必须做到心中有数。有的着重体现空间独特造型形状；有的是以展示空间的材质、肌理的美感或现代科技为主；有的是通过光的使用让空间充满某种气氛（图 4-16）；有的是靠某一风格、流派及样式贯穿整个内部空间；还有的则是把室内的色彩当作空间处理的主要表现对象，让色彩统率整个室内空间等。

### 4.4.3　重点法

图 4-17　重点要素使空间充满活力

重点法即突出室内重点要素的办法。在室内空间中，重点突出的支配要素与从属要素共存，没有支配要素的设计将会因平淡无奇而单调乏味，但如果有过多地支配要素，设计将会杂乱无章、喧宾夺主（图 4-17）。

一个空间重点要素的突出，应处理得既要重视它又要有所克制，不应在视觉上过分压倒一切，使其脱离空间整体，破坏整体感觉。一些次要的重点即视觉上的各个分段重点，也应按照“多样而有机统一”的原理，使形、色、光、质等相互存在关系，有助于使空间设计形成有机整体，这也是形成空间整体感的一种途径。

### 4.4.4　色调法

所谓色调法，就是利用构成空间的主要基本色调，通过色彩来统一空间造型，或庄重、热烈、活泼、柔和、温暖、冷漠、清淡等。就色调而言，概括起来大体分为对比和调和两大类，用这两种基调可变化出千差万别的调子（图 4-18）。

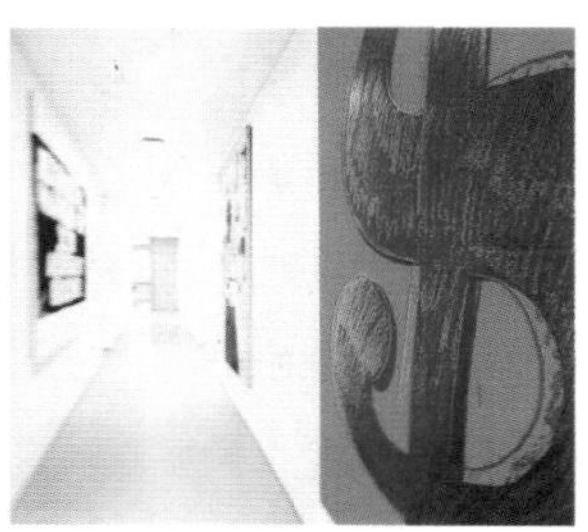
图 4-18　通过色彩来统一空间

对比不是指不同色彩的简单相加而是仍存在一定的主从关系，这种色调使空间在统一中蕴涵着变化。调和是通过对色调的统一来形成主题的，它是最容易形成整体感的一种方法。

## 4.5　办公空间绿化

### 4.5.1　办公空间绿化原则

利用绿化组织室内空间、强化空间，表现在许多方面。

1. 分割空间的作用

由绿化分隔空间的范围十分广泛，如在两厅室中间、厅室与走道之间以及在某些大的空间或场地的交界线，以及某些重要的部位进行绿化，可以起到屏风的作用（图 4-19）。

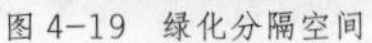

图 4-19 绿化分隔空间

2. 联系引导空间的作用

联系室内外的方法是很多的，利用绿化更鲜明、更亲切、更自然、更惹人注目和喜爱。

一般在架空的底层，入口门廊开敞型的大门入口，常常可以看到绿化从室外一直延伸进来，它们不但加强了入口效果，而且这些被称为模糊空间或灰空间的地方最能吸引人们在此观赏、逗留或休息。

3. 突出空间的重点作用

大门入口处（图 4-20）、楼梯进出口处、交通中心或转折处、走道尽端等地方，既是交通的要害和关节点，也是空间中的塑造点，是必须引起人们注意的位置，因此，常放置特别醒目的、更富有装饰效果的，甚至名贵的植物，起到强化空间、重点突出的作用。

图 4-20 入口处装饰

## 4.5.2 办公空间室内绿化的色彩

### 4.5.2.1 办公室内绿化的色彩特点

室内绿化的最大色彩特点是以绿为主，植物是室内绿化的主体，植物的色彩是通过树叶、花朵、果实、枝条以及树皮等来呈现的，树叶在其中占有很大的比例，尽管它们也伴随着明度、色相和饱和度的变化，并可掺有黄、蓝、古铜、红和深红等色素，但树叶的主要色彩仍是绿色。植物的枝条也可有特殊的色彩，如黄色的全明竹、紫色的紫竹等。不同时令的树叶、花朵和树干虽然含有丰富的色彩，但一般只能起到充实丰富的作用，而难以成为主导性色彩；从总体上看，植物的色彩依然以绿为主。室内绿化的色彩与室内光源亦存在着一定的关系。在直射阳光下，能增加色彩的饱和度，使之鲜艳夺目，富有光泽；而在漫射光下，则色彩的饱和度降低，色彩比较柔滑。

### 4.5.2.2 办公室内绿化的色彩运用

室内绿化色彩运用的原则主要是针对植物而言，植物色彩的运用基本上可以归纳为以小间绿色为主、其他色调为辅的原则。这种无明显倾向性的中间绿色像一条线一样，将其他所有色彩联系在一起，各种色调明显不同的绿色植物亦不宜过多、过碎地布置在总体之中，否则极易形成杂乱无章的感觉。诸如青铜色、紫色或带有异色的植物也应慎用，因为它们极易引起人们的注意。至于鲜艳的花朵的运用更需注意，如果出现了过多、过碎的鲜艳色，容易显得琐碎和刺眼，引起视觉效果的混乱，当各种色彩组合得不太协调时，可以选择色彩具有缓冲作用的植物以及灰色的山石来协调。总之，室内绿化的色彩设计应讲究节制，宁少毋滥，宁雅勿俗（图 4-21）。

图 4-21 灰色色调运用

## 4.5.3　办公室内绿化的形状

任何物体都有自己的形状，室内绿化虽然在设计中常经过人为的选择与加工，但仍有丰富多姿的形状。

就单株盆栽植物的形状而言，一般可以根据其树冠形状而分为垂直形、水平形、下垂形、圆形和特殊形 5 种，它们都能给人以不同的心理感受。

就树桩盆景中的植物而言，根据其枝干的不同特色也可以使之具有相应的分类。直干形的有雄健之感，斜干形的有动态之美，偃卧形的有奇突之味，下伸形的有苍劲之势，曲干形的有蜿蜒之态，发散形的有飘逸之姿。就插花而言，它的整体形状基本上可分为对称形、不对称形和自由形三种。对称形插花采用对称形的构图，有端庄、稳重、整齐之感；不对称形插花一般采用不整齐式构图，在端庄中有活泼之感；自由形插花则是近代各国所流行的一种插花形式，它不拘一格，更为活泼，颇具艺术效果。

从上述分析可以得知，室内绿化的形状丰富多彩，它们都能给人以不同的心理感受，因此在具体运用时更应注意它们与室内空间环境以及室内家具等的形体关系。按照对比而又统一的原则，选择相应形态的室内绿化，力争取得丰富的视觉效果。

## 4.5.4　办公室内绿化的质感

### 4.5.4.1　办公室内绿化的质感特征

室内绿化中植物的质感主要是指植物直观的粗糙感和光滑感，这种质感受到叶片大小、枝条长短、树皮外形、植物综合生长习性的影响。依据质感，一般可将植物分成三类，即粗壮型、中粗型和细小型，粗壮型植物常由大叶片、浓密而粗壮的树干以及疏松的生长习性所形成，容易首先映入人们的眼帘，但它的轮廓不够鲜明，较难适应有整洁形式要求的环境。细小型植物常有许多小叶片和细小脆弱的小枝，具有整齐密集的特征，有清晰的轮廓，外观文雅密实。中粗型植物则介于两者之间，可充当它们之间的过渡，有利于加强整体感。

### 4.5.4.2　办公室内绿化的质感运用

众所周知，缺乏质感变化的环境容易令人感到枯燥乏味，但如果质感变化过多过强，也同样会使人感到心烦意乱，因此，质感运用时，最重要的一点就是要保证多种质感之间的协调，这也是质感运用的关键。在具体运用中，常以单一或几种质感相似的室内绿化主，形成相似质感，然后再辅以具有质感对比效果的绿化，当然，同时亦应顾及它与辅助设施以及周围环境之间的质感对比与协调。总之，成功的设计应即使质感具有丰富的变化，同时又不失整体的协调感。

按照现代美学的观点，质感离不开材料。质感的表现应该尽量发挥材料本身所固有的美。我国历来就倾向于把景物按照自然的原型灵活运用，充分体现其固有的质感。目前，对体现室内绿化的固有质感已成共识。同时，还应使花坛、花盆等辅助设施也尽量体现其所用材料的固有质感。

## 4.5.5 办公室内绿化的大小

室内绿化的大小变化范围很大，大至数米高的乔木，小至咫尺插花，它们都能给人相应的心理感受。然而，室内绿化的大小并不能任意选定，它们受到诸多因素，特别是比例与尺度的制约。

### 4.5.5.1 比例

所谓比例，一般是指办公室内绿化的大小必须与周围环境相协调，以形成良好的比例关系。在高大的空间内，只有选择比较高大的盆栽植物和巨型盆景，才会形成恰当的比例关系，反之就会造成“荒凉感”。在小型办公空间中，只有选用较小的盆栽植物和普通盆景，才能形成正常的空间感，否则就会增加拥塞之感。

### 4.5.5.2 尺度

确定办公室内绿化的大小时，还需考虑到它与人的关系，即尺度的问题。尺度对于形成特定的空间气氛和人的心理感受等方面均具有很大的影响，对人们来讲，在室内布置尺度较大的绿色植物时，容易形成森林感，而布置尺度较小者时，容易形成开敞感。

办公空间室内装修使得各种新颖的材料使用在建筑行业中，室内环境因为空气容量小，流通条件不如室外，尤其是室内存在的污染物种类繁多、数量大，污染源成分更为复杂。生态设计成为办公空间设计的一个热点话题，将自然因素引入室内，不仅是为了生态意义上的目的，更重要的是要改变因“过分”而与可持续发展背道而驰的现象。植物本身除具有良好的景观作用外，还具有美学、生态学和能量储存、释放、降低噪声等方面的作用，并能起到有效调节室内气候的作用。植物在室内空间与建筑本身互动起到遮阳的作用，能清除甲醛、苯和空气中挥发的有机质，从而净化空气。

# 课后任务

本单元作业命题：选择一个中型办公空间，为其设计功能较完整的办公空间，按照教学中讲授的形态学方法、色彩与办公空间的关系等原则与准则进行。

具体要求：完成功能分区、流线分析、重点景观分析、总平面图、剖面图、铺地平面图、效果图及工作体量模型。

# 参考书目

[1] 郑曙旸 . 公共空间设计 [M]. 乌鲁木齐：新疆科学技术出版社，2006.

[2] 弗朗西斯科 · 阿森西奥 · 切沃 . 办公空间设计 [M]. 北京：中国建筑工业出版社，2003.

[3] 隋洋 . 室内设计原理（上）[M]. 长春：吉林美术出版社，2007.

[4] 沈渝德 . 全国高职高专艺术设计专业教材 [M]. 重庆：西南师范大学出版社，2007.

# 第5单元 现代办公空间的设计程序与方法

**学习目的**

了解办公空间的几种基本设计程序、空间的设计方法、图形表现，掌握基本的图形表现技法，争取在以后的设计中有章可循。掌握方案设计、施工图的绘制、效果图的表现等设计手段。

**学习重点**

办公空间的设计方法与表现技法。

# 5.1 办公空间设计的基本程序

有效地理解和把握设计程序是实施设计的关键，合理的设计程序使得设计每一个阶段的目标、任务、要求、时间以及工作方式都有一个明确的方向，否则，设计的过程会出现沟通不畅、理解不准确、不能达到业主的要求、实施困难很大、反复修改等问题，那么有效的设计程序是怎么样的？概括地说就是准确的理解、完整的表达。

办公空间设计的基本程序是以开始某一项目的设计为开端，完成各种分析，而后以进入实际的规划布置阶段为结束。尽管设计师们所使用的各种技术和术语不尽相同，但设计的基本创作过程一般可以分为以下几个步骤。

## 5.1.1 调查分析

### 5.1.1.1 访问调查

详细调查客户的使用要求，明确工程性质、规模、使用特点、投资标准，以及对于设计的时间要求，听取客户（包括空间使用者）的意见。作为设计师，应该根据客户所提供的信息资料，在经济技术等方面作出合理的判断。对于客户提出的某些要求，如预算或技术方面不切实际，设计师不能为了获得项目而轻率的、不负责任地给予承诺，因为这样最终也会导致设计的失败。

（1）在行政级对该组织进行总体调查。

（2）在管理级对部门进行功能调查。

（3）在操作级对工作流程及设备细节进行调查。

### 5.1.1.2 观察

室内设计作为建筑设计的一个部分，如果有条件的话，最好在建筑设计的初级阶段就将室内设计的工作开始介入，建筑设计中的一些管道和线路设计可结合室内设计的样式进行施工，能给之后的室内设计省去很多麻烦。而多数的室内设计工作始于建筑设计和施工之后，室内设计常为建筑空间中的固定元素所限制。

对于没有图纸的项目，到现场进行详细测绘必不可少，现场的勘察、参观与测量会有助于我们对建筑空间的各种自然状况和制约条件有更直观的把握，包括建筑各空间的尺寸（大小、高度）、形状、结构与门窗洞口的状况、朝向、窗外的视野、相邻建筑物、树木等周围景观情况，还有当地气候、日照采光、风向、供热、通风、空调系统及水电等服务设施状况。而对于已建成的项目或改建或扩建项目，会有建筑等方面的配套图纸来提供已有元素的信息，另外，建筑物本身的既有形式、风格等因素也不可忽视。若能够对现有空间进行拍照、录像记录，可避免日后对现场的再次核查。

观察的主要内容还包括现有设施的情况，了解是否需要完全或部分地再使用现有家具和设备，了解大量现有家具设备的目录和尺寸。下一个步骤就是收集资料，熟悉与项目设计有关的设计规范和标准，收集、分析相关的资料和信息，对于功能性强、性质较为特殊或过去我们不是很熟悉的空间，我们需要查阅同类型竣工工程的介绍和评论、所需材料设备的数据等，以及对现有同类型工程实例进行参观和评价，设计师应在有限的时间内能够尽可能多地掌握有关信息，获得灵感和启发，为日后的设计做好铺垫。

（1）协助性观察。

（2）谨慎观察。

（3）列出能被再次使用的家具及设备的清单。

#### 5.1.1.3 确立建筑数据

（1）获得完整的基本平面数据（包括建筑平面图及结构图）。

（2）搜集相关资料（建筑的、历史的、社会的）。

#### 5.1.1.4 整理信息、确定初步方案

整理搜集所得信息即整理出初步阶段的方案。

（1）总结已确定的量化数据，包括各建筑尺寸、家具和设备的数量、设备尺寸等。

（2）记录初步的设计概念。

#### 5.1.1.5 分析数据

（1）研究规划中的各种关系：工作之间的相互关系、公共与私密空间的分区、特殊声学要求等。

（2）发现图面关系，即最大限度地使用空间。

（3）识别设计和建筑的关系（场地、结构的状况）。

#### 5.1.1.6 列表解析

（1）阐述设计阶段有关的功能问题。

（2）确立设计理念（从社会以及审美的角度）。

（3）准备好关系图或邻接图（呈现给客户或者设计师）。

整个设计的过程就是一个搜集资料、整理资料、分析资料，然后把有用的资料转化为自身的元素加以创造性设计的一个综合性的过程。在整个过程中设计师把许多根本不同的因素结合到一起成为一个有用的整体。从分析过程到绘制第一个实际方案，如果设计前的准备工作做得非常仔细，设计者就会有更加切合实际的解决方案，创造性的过程也会使其更快捷、更简单。

在进入全面设计阶段之前，我们必须对建筑内部的各个空间进行全面、准确的尺度概算，了解典型家居的尺寸、排列组合方式以及家具与办公空间之间的关系。对于一些常见的空间，空间尺寸也相对比较熟悉。一般来说，设计时只要运用以前在实际工程中的经验，设计师不需要画图或者计算就能估计出大概的平面尺寸。

### 5.1.2 方案设计阶段

#### 5.1.2.1 概念设计阶段

此阶段主要是利用各种图示语言表达对于各种功能、形式、经济等问题的解决方式，要通过各种线条、符号来表示设计方案中对象和情景。

1. 方案初步构思

这一阶段在整个设计过程中较为复杂。创造性是其中至关重要的一个因素，这一阶段，根据所查阅的资料，设计师自身会形成各种想法，这就要求设计师运用自身思维能力、想象力和记忆力，结合专业知识以及经验，根据先前获得的资料书籍，综合解决设计要素间的矛盾关系，从中寻找灵感的片段，并创造性地搭配组合成新的空间关系。设计过程中需

注意综合分析和考虑基本使用功能、材料、技术、形式、人文知识、历史知识、哲学概念等多种因素，并基于实用性、美观性、经济性等原则完美地加以平衡。

方案设计的初级阶段徒手草图是一项快速便捷的表现方法。它可以概括地表达和构思要点，大致确定室内功能分区、交通离线、空间形象（包括大致的大小、形状、色彩、材质等因素）、空间的分隔方式、洞口位置，以及家具、设备的布置等内容，确定大致结构工艺，是这一阶段中设计师本人记录并用来判断方案好坏的重要手段。这些最初草图设计概念经进一步的评估、否定、修改、发展、最后只留下一种或几种可行性方案。

2. 方案的拓展与修正

为了与业主进行进一步的交流，需要前期的设计表现。而草图作为设计师的一项基本技能对于客户而言没有多少作用，所以更准确精进的图纸表现显得尤为重要。表现手段包括正投影原理绘制的二维的平面图、立面图、剖面图、天花图，以及轴测图与虚拟的三维空间透视图，如能利用电脑动画、模型等手段表现，效果会更佳，但同时花费也相对较大。与客户交流时设计师还应提供材料、家具、样板（可以是实物、照片、使用实例等），以及概算书和设计说明等文件，使用户了解建筑的性能、造型色彩、质地、价格等因素。

期间通过设计师与用户的多次对话与讨论，不断地对方案进行修正和完善，直至最终定稿。

#### 5.1.2.2 施工图的绘制

方案确定以后，下一步进入施工图的全面绘制阶段，施工图的绘制是为了向承包者、施工人员作进一步解释。工程中还涉及到其他一些专业人员，设计师与他们进行充分、密切的沟通与协作。所以施工图的制作必须严格遵循国家标准的制图规范，所做图纸包括平面图、天花图、立面图，还有放大比例的细部节点图、大样图，图纸不能完全表达的细部构造、技术细节还要用文字补充说明。由于通过正投影法制作，可准确再现空间界面尺度和比例关系，以及相关材料与做法。与之配套的还有水、暖、电、空调、消防设备管线图（这些工作往往有相关专业人员配合加以完成），同时还要提供给用户预算明细表以及各个项目完成的时间进度表。

### 5.1.3 方案实施阶段

施工中，设计师会陪同客户挑选、购买材料以及家具、灯具等相应设备，还要作为客户代表，经常性地赴现场审查与技术和设计相关的细节，及时解决现场与设计发生的矛盾（有时还要根据现场情况修改、补充图纸），监督方案实施状况，保证施工质量。

施工后期，设计师应协助家具、灯具等设备的调试，安装到位。

施工任务结束后，还要协同建设单位和质监部门进行工程验收。

### 5.1.4 方案评估阶段

方案评估是在工程交付使用后的合理时间，由用户配合对工程通过问卷或口头表达等方式进行连续评估，是针对整体工程进行的总结评价。其目的在于了解本次工程是否达到预期的设计意图，以及使用者或客户对该工程的满意程度，很多设计方面的问题是在使用后才能够得以发现，这一过程不仅有利于用户而且有利于整个工程的质量，同时也利于设计师本身为未来的设计和施工增加、积累经验及改进工作方法。

在设计阶段，绘制原型、规划彩图除了可以满足估算尺寸的需求之外，还有一个好处，就是要培养对每个空间具体要求的直觉，并依靠这种良好的直觉来更好地分配每个空间（方形或者长方形）的比例、里面位置、人口、内部家具和设计之间的关系。

# 5.2　办公空间的设计方法

## 5.2.1　列表分析法

根据前期搜集的资料和甲方提供的任务书（标书）派生出的空间进行列表分析，如表5–1所示。

表 5–1　　××功能分析表

| | 面积/m² | 邻接房间 | 使用程度 | 照明采光 | 私密程度 | 给排水 | 专业设备 | 特殊因素 |
|---|---|---|---|---|---|---|---|---|
| ①××室 | 20 | ③⑥ | 高 | 中 | 低 | Y | N | 邻主入口 |
| ②××室 | 15 | | 中 | 低 | 高 | N | N | |
| ③××室 | 18 | | 低 | 低 | 高 | N | Y | |
| ④××室 | | | | | | | | |
| | | | | | | | | |
| | | | | | | | | |
| | | | | | | | | |
| | | | | | | | | |

空间的数量要根据任务书提供人员的多少和他们的工作性质来决定，工作性质相同的或相近的可以划分到同一个空间里。另外还有一些必要的附属空间，里面没有固定的使用人员，但对于办公空间又是必不可少的，如接待室、多功能室或会议室等。

空间面积的大小要根据使用该空间人员的多少和工作的性质决定，如果只是从事简单的、几乎不需要仪器和设备的工作，他所需要的面积就比较小。但如果是，经理办公室，所需要的空间就要大很多，因为经理的工作性质不同，他有负责谈判、会客接待等任务，代表了公司形象。

相邻空间主要是根据工作的性质和上下级工作的关系决定的，如果该空间的私密程度很高，那就远离大门或主要的出入口；如果是直接负责的上下级，那么他们的空间应该是相邻的。

使用程度也就是使用的时间段，有固定人员的办公空间使用程度一般要高些，附属性的空间一般低些。

照明与采光是两个概念，照明是人工的，电能是它的主要能源；采光是自然的，主要讲的是太阳光，采就是辩证的吸收，也就是说并不是所有的光都对我们有利，更不是照度越高越好，适合自己的工作性质为最好。

私密程度主要取决于空间的使用性质，空间的私密程度和公共程度成反比，私密程度越高，公共程度就越低。

给排水设施主要安置在一些特殊的空间，如洗手间和茶水间等。

专业设备主要是指适用于本空间工作性质的一些特殊设备。

特殊因素是指工作性质所需的特殊空间、特殊空间所需的特殊位置、特殊位置所需的特殊设备等的特殊因素。

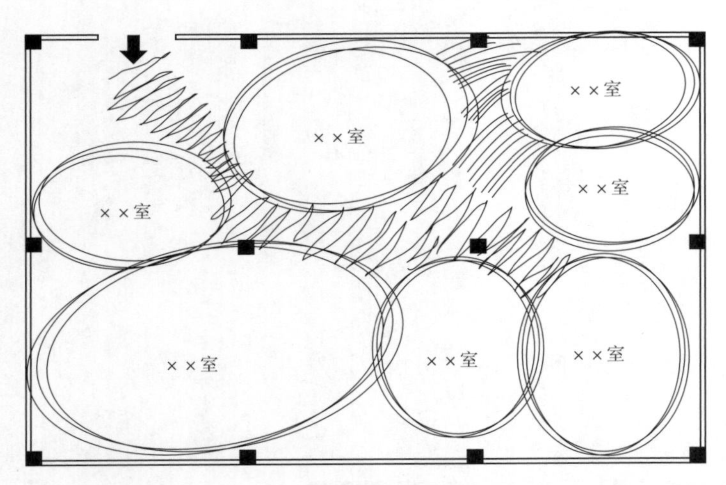


图 5-1 圆形分析法

## 5.2.2 圆形分析法

图形分析法，也称气泡图，是一种简单的没有具体空间束缚的抽象图形分析方法，使得设计师在具体的限定性平面中能够相对随意地设置，使其在最初阶段不拘泥于小节，能够从整体上把握动态交通流线和静态功能空间的关系，设定合理的功能空间位置及其联系，分析得失利弊（图 5-1）。这种方法虽然能够得出理想的功能分区形式，但是由于徒手绘制的随意性圆圈没有严整的边界，方向性也不强，这种形式必须进入特定的空间平面进行验证。验证的方法就是圆方图形分析法。

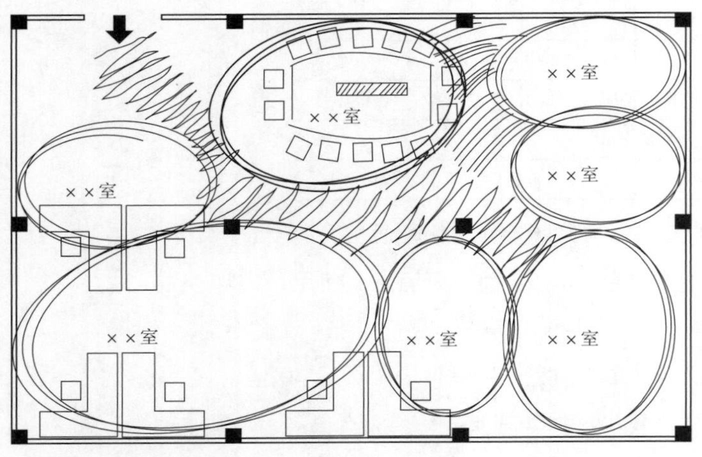


图 5-2 家具布置

## 5.2.3 家具布置

大致的功能空间分隔完成之后，就可以尝试在空间中布置家具和相关的设备了（图 5-2）。首先根据办公空间的风格类型，选择家具的样式。在这个阶段，家具的最后布置不需要做得太细，确定基本家具布置方案在这个平面设计方案内的可行性是很重要的。运用“评比优选”的方法确定一种平面布局相对合理的平面图，在平面图里放置家具，应注意以下两点：

（1）家具尺寸比例准确。

（2）考虑房间的朝向。

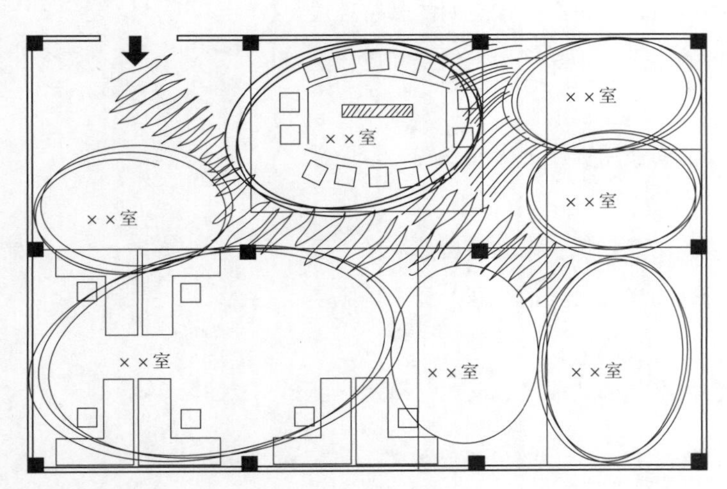


图 5-3 从圆到方

## 5.2.4 从圆到方

从圆到方的过程也是一个从抽象到实体方案的可行性转化的过程（图 5-3）。平面上的矩形方框图形具有明确的空间界定，两个矩形的相邻边界在室内平面中既可理解为墙体也可理解为交通流线，将气泡图转换为具有明确空间界定的方框图形，即大致的平面图，为空间实体界面的划分打下了基础，方框图形既是圆圈图形的深化，又是空间实体界定的可行方案。

### 5.2.5　微调阶段

在完成从“圆”到“方”的图形转换之后，应该说可以直接进入功能分区方案平面图的绘制，但是在方框图形的绘制中非常容易暴露出新的问题。直接在方框图中进行修改，由于受形体的限制，反而不容易打开思路，这时返回圆圈图形进行新一轮的图形思维就显得极其有效，在前图基础上进行的又一轮循环（图5-4）。

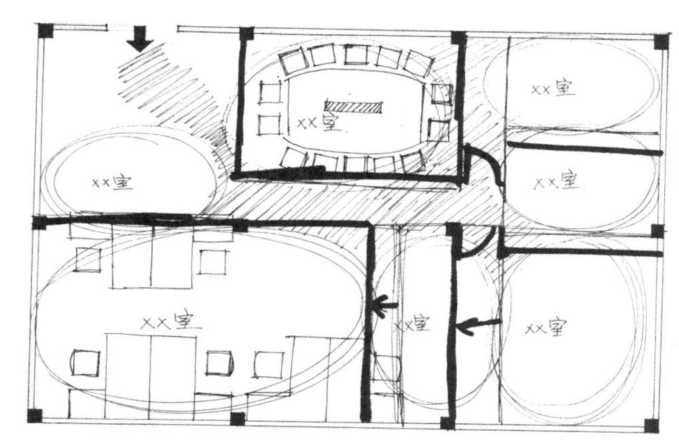


图5-4　微调阶段

### 5.2.6　正式平面

在完成了圆方图形思维的多次反复后，再进行确定的室内平面图绘制，就会避免出现失误，在这种情况下完成的平面方案具有其空间适应的合理性，当然一旦墙体分隔和交通道路正式展现于图面，又会出现新的矛盾，作出调整是不可避免的。正是在这种不断的调整中平面方案才能走向相对完美（图5-5）。

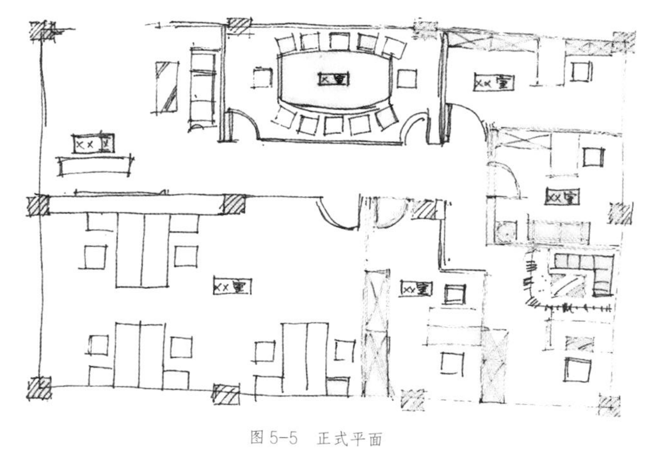

图5-5　正式平面

## 5.3　办公空间的设计表现

设计表现是用来表述设计师思维的无声语言，是设计师与客户交流的重要方式，供设计者自我沟通或与他人进行双向或多向交换意见，室内设计的思维建立在图形思维基础之上，设计的传递也在很大程度上依赖于不同的表达方式。通过图形（包括草图、平面图、立面图和透视效果图等形式），利用模型、三维效果图等与客户交流，要比其他形式更加直观、可信。因此，对于设计者，熟练掌握和运用各种表现手段至关重要。

## 5.3.1 图形表现

大概在古埃及时，设计者就已经开始通过平面图和立面图画出设计的建筑物，图形表达是一种最方便、有效、经济而且灵活的手段，制图本身并不是目的，而只是表达设计意图的手段，用以记录、描绘、审查和日后的修改与实施，这一手段的使用几乎贯穿整个设计过程。

### 5.3.1.1 草图

朦胧浮现于设计者头脑中的方案构思往往模糊不定，瞬间消逝，需要一种手段准确地加以捕捉和定格，这时，运用视觉手段记录、传达信息，远比抽象的文字表达更直观、可信。草图是实现这一目的的最有效的手段，可将抽象思维有效地转换成可视的图像，以记录下这些暂不确定的所有选择。功能分析图是根据计划和其他调查资料来制作的信息图标，如矩阵图、气泡图，探索各要素之间的关系，使复杂的关系条理化，还包括空间界面的样式草图，局部的构造节点，大样图等，以及建立空间设计三维感觉的速写式空间透视图。草图属设计师比较个人化的设计语言，一般多作为个人沟通使用，对于他人往往并无意义。草图通常以徒手形式绘制，虽然看上去不那么正式，但花费的时间也相对较少，其绘制技巧在于快速、随意、高度抽象的表达设计概念（图 5-6）。

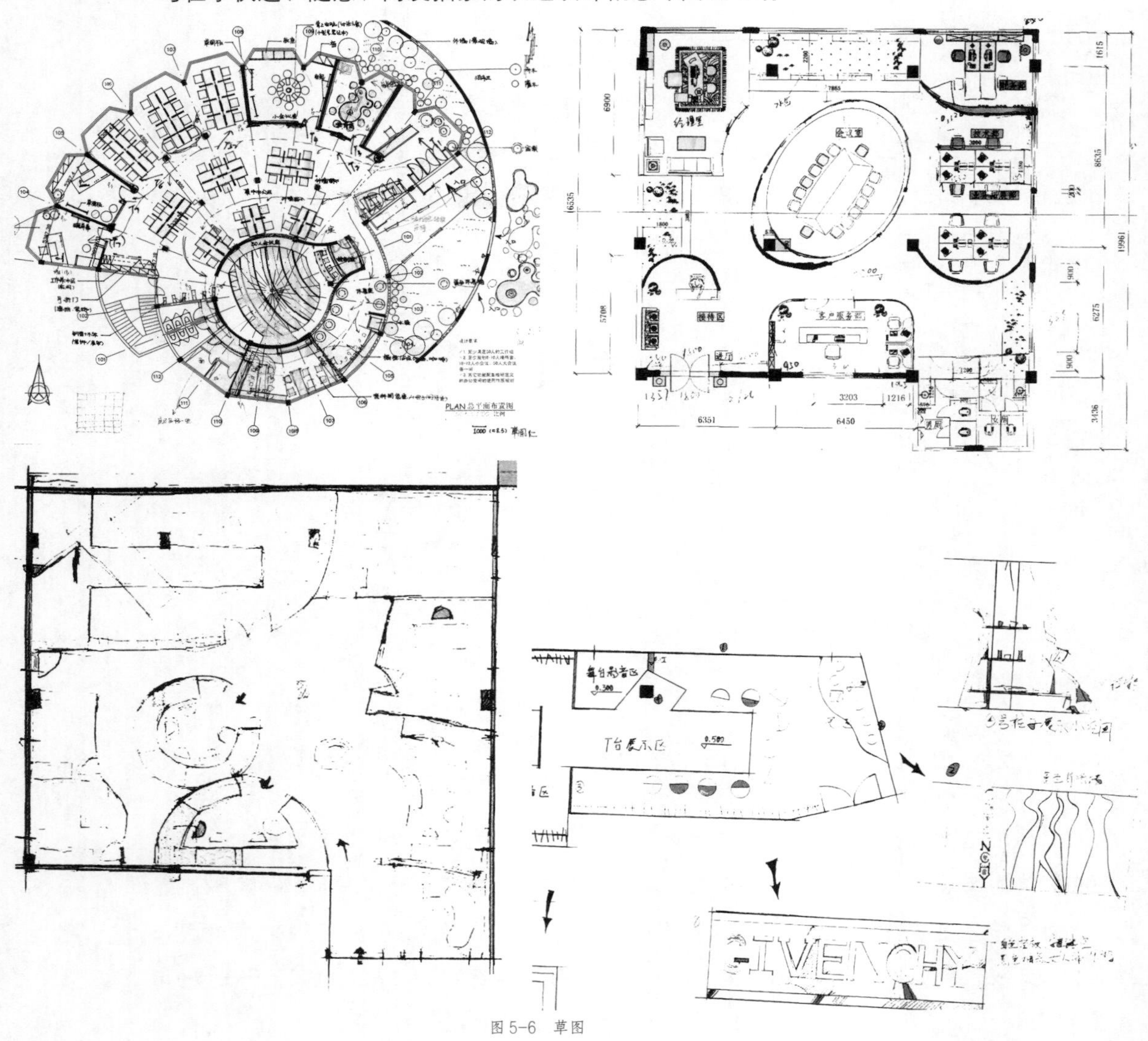


图 5-6 草图

无需过多的设计细节，对于所用工具、材料、表现手法也无严格要求，可以使用单线或线面结合的形式，或是稍加结合的形式，或是稍加明暗、色彩来表达，随个人喜好而定，还可以结合使用一些文字，图形符号来补充说明，有限时间内应多勾画，提出更可能多的想法，以便于积累、对比和筛选，为日后的继续发展和修改提供更多的余地。

#### 5.3.1.2　正投影图

正投影图包括平面图、天花图、立面图、剖面图和局部详图。

实际的建筑空间非常大，为将其容纳于图纸当中，应按一定比例将其缩小，所选比例需与图纸大小相吻合，并应足以表现必需的信息和资料。结合各种代表墙体、门窗、家具、设备及材料的通用线条和符号，图例简洁、精确地对空间加以表达，如 1cm 代表 1m 即 1 ∶ 100，表示用 1/100 的图纸去表达真实的空间的所有尺寸，虽然两者尺寸相差悬殊，单个构成单位的相对比例关系却是相同的，由于利用量取长度换算实际长度的方法会存在一定的误差，所以施工图上必须标出实际的尺寸。目前由于计算机绘图（即 CAD、计算机辅助设计）的巨大优势，如方便存储、复制与修改，以往借助绘图工具进行手绘的方法几乎已被完全替代。

#### 5.3.1.3　轴测图

多采用鸟瞰的视点，能够给人以三维的深度感觉，虽然由于没有灭点而视觉失真，但绘制较为容易，由于采用一定的比例绘制，还可以非常准确地表达尺度、比例关系，是与对空间的体量、结构系统进行简单易懂的说明。

#### 5.3.1.4　透视图

虽然二维的平面、立面图对于实际工程而言更具有现实意义，但这些图纸往往会使未受专业训练的人感到难以理解。透视图的使用缩短了二度空间图形的想象与三度实体间的差距，弥补了平面图纸的表达不足，是设计师与他人沟通或推敲方案最常用的方法。透视法在 15 世纪的意大利艺术家手中得到完善，利用透视法能够在二维的纸上表达三维深度空间中的真实效果，并以线条、光影质感和颜色加强真实感，与我们肉眼的视觉感受基本相同，可以展现建成后的真实效果（这一点是照相技术无法达到的）。透视图分手绘和计算机绘图，手绘透视图通常用水粉、水彩、马克笔和彩色铅笔等材料来绘制，需掌握一定绘图原理和经验技巧。目前由于计算机设备（硬件）与软件的不断完善，其操作更为简便快捷，对于物体材料、质感、光线的模拟已达到近乎乱真的效果而更容易为人接受。

### 5.3.2　模型表现

模型通常是指具有三度空间特征的立体模型。室内模型通常不做顶棚，目的是方便从上面观看，有些大尺度模型还允许走入，具有更大的直观性效果，方便从多种角度进行观测和研究。但模型制作不仅费时，而且价格昂贵。

### 5.3.3　三维效果图表现

#### 5.3.3.1　手绘效果

手绘效果如图 5-7 所示。

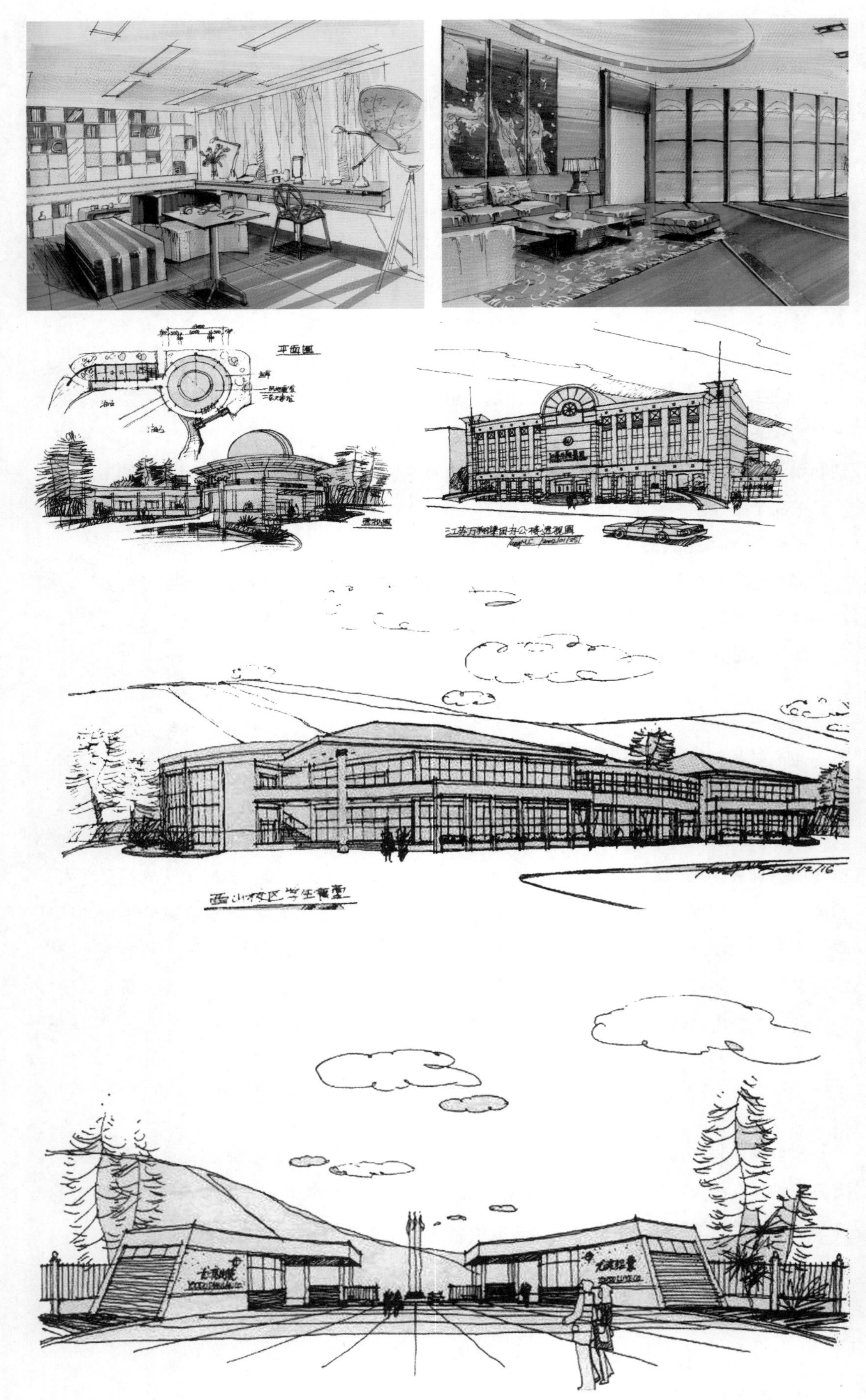

图 5-7 手绘效果图

### 5.3.3.2　三维效果图表现

三维效果图表现如图 5-8 所示。

图 5-8　三维效果图（一）

图 5-8 三维效果图（二）

# 课后任务

本单元作业命题：选择一套办公室内设计图进行分析。

具体要求：了解该作品，经过分析讨论，写出书面分析报告。

# 参考书目

[1] 亓育岱 . 办公建筑设计图说 [M]. 济南：山东科学技术出版社，2006.

[2] 沈渝德 . 全国高职高专艺术设计专业教材 [M]. 重庆：西南师范大学出版社，2007.

[3] 中国建筑装饰协会 . 室内建筑师培训考试教材（上）[M]. 北京：中国建筑工业出版社，2007.

# 第6单元 办公空间设计赏析及案例讲解

**学习目的**

通过展示世界最新办公空间设计的案例，分析其中的设计要素、设计理念、设计手法，让学生在实际中掌握设计的原则与方法，并与实例结合，增强视觉的感受，开阔眼界，受到设计思想上的启发。

**学习重点**

重点要分析设计师的设计理念和设计思路。可以通过让学生分组讨论的方式，来加深对设计案例的理解。

# 6.1 新型办公空间形式及案例赏析

随着时代的发展，办公空间的设计形式受世界各种文化的影响，越来越趋于多元化。未来的办公空间设计在实践中获得更多方面的交错发展，办公空间的既定模式被打破，取而代之的是空间的多元化。回顾办公空间的设计，从时间轴上来说，其演变大概有3个时期。

（1）传统的办公空间是以政府办公为主要模式，其过分强调等级观念的空间思想，一般属于小开间的形式，房间有固定的大小，这种设计形式对工作人员交流产生明显的阻碍作用。从空间上看，办公区域相对比较独立，私密性好，但交流性差。

（2）为了适应现代社会，办公室的布局也开始强调开敞式设计，在开敞式的大办公空间里办公，不但有利于领导对员工工作进行监督，而且有利于员工之间工作上的互相交流。

（3）随着办公科技的进步，信息化作业的到来，办公室也相应进入了e时代，过去陈旧的办公设备已不再适应新的要求，要使高科技办公设备更好地发挥作用，提高信息量，同时也要让这些以高效率工作的人员有充分的放松机会，使空间更接近人的需要，这就要求办公空间更加的人性化，符合现代工作人群的办公需求。

从办公空间的演变历史可以看出人们已逐渐抛开了原有的固定办公空间，办公的概念变得模糊化和边缘化。生活与办公逐渐拉近了彼此间的距离。

有学者经过研究提出了“知识工作(knowledge work)”替代传统办公空间“流程工作(process work)”的新概念。提出了办公空间设计的核心，也就是寻求人与环境之间最为合理、最能保持常态的设计方案。设计师从上述几个方面，认真研究其相互之间的关系，必定能够找到在不同设计要求状态下的空间设计解决方法。

## 6.1.1 高科技办公空间

时代在变，先进的科技与通信不断地被应用，家具及其他的办公设施不断地被开发导致人们的工作方式也在不断地改变，这些都将潜移默化地影响到未来办公空间的发展。

### 6.1.1.1 重新定义的“办公空间”

为了提高工作效率，降低生产成本，一些公司开始转变办工模式，摆脱了“分部设人，按部设事”的模式展开业务。随着视讯、电讯等高科技联络手段的普及，电视电话会议开始普及，人们的交流空间应不再局限于会议室转而走向酒店等娱乐休闲场所。许多公司形成资源共享、整合凝聚、不断学习、交流互动、开放创新的文化氛围，并因此构成了充分利用人力、物力资源，既高效又充满活力的办公新模式。

随着交通及通信业的进步与发达，还出现了“虚拟办公室”，也就是所谓“无所不在的办公室”的模式。在家庭、旅馆乃至汽车里，都将要求设计师设计出一个“可显可隐”的办公环境。所以，“办公空间”的定义，也将重新被阐释。

### 6.1.1.2 固定与随机办公室

办公空间界定的模糊化使得固定办公室的存留成为一个值得关注的问题。经研究，固定的、供公司员工聚集的办公室在未来仍不会消失。因为人与人之间，还需要经常性的接触、交流才能产生互动，从而使工作不断有所建树。只是未来的办公室将主要是一个同事间碰面、汇集资讯并在自由气氛中交流的地方。现在，许多企业家开始明白，最有创意的点子和决策往往来自非正式场合中的交流。因此，有些老板已向设计师提出设计迂回室内动线的要求，以便增加员工间相遇和交流的机会。办公空间正向非正式化方向转化，空间的功能性变得模糊，已打破原有空间界限。设计师所追求的是怎样使办公与娱乐相结合从而使新的空间形式更加的人性化。

#### 6.1.1.3　办公家具的未来

由于现代办公方式和科学技术的不断推陈出新，建筑和家具的设计也在不断变化。设计师提出了企业较能接受的两种办公室设计方案。

第一种是标准一统式的办公位配置方案，所有办公家具和办公设施相对固定，员工可随意调派工作位，家具及硬件等则不必作移动，因此可节省开支，但弹性较差；对于不太需要有固定工作岗位的行业如饭店、报社等，比较适合采用这种设计。

第二种是机动开放型的办公位配置方案，可适应工作人员、工作方式变动大的办公方式，多选用可移动（带轮子）的家具进行灵活组合。在同一个工作空间里，有可能被设计成一群人在一起办公的工作站，或单独办公的工作室，或改作会议室用等。因此，它是一种能容纳多项办公功能的设计方案。

总之，机动开放型所需的办公家具，应是弹性大、可进行多种功能组合与转换的家具。

### 6.1.2　景观办公空间

#### 6.1.2.1　兴起与概念

景观办公空间最早兴起于20世纪50年代的德国，它的出现是为了反对早期现代主义办公建筑忽视人与人之间的交流。景观办公空间的出现使得传统的封闭型办公空间走向开敞；打破原有办公成员中的等级观念；把交流作为办公空间的主要设计主题。

办公建筑作为一种特殊功能的建筑，人流线路、采光、通风等的设计是否合理，对处于其中的工作人员的工作效率都有很大的影响，所以办公空间设计的首要目标就是以人为本，更好地促进人们的交流，更大限度地提高工作人员的工作效率，更好地激发创造灵感。

办公环境的设计更需要考虑到人们的感情，照顾人的心理、生理的需求。在办公空间中的心理需求主要有安全感、私密性、公共性。开放式办公空间除了让人们欣赏到精美的建筑细部外，其内部的大进深格局，大大加强了人的方位感，窗户成了传递外界信息、辨认方向的手段。

#### 6.1.2.2　设计的原则

1. 区域划分与流动路线

人员流动线路的规划非常重要，好的人员流线应该使得联系密切的部门沟通方便，不会浪费时间，流线清晰可辨，而且不会影响到其他的功能空间，所以人员流线设计上，把最经常到达的目的地，放置于办公室中合适的不会打扰别人工作的地方，从位置上说，周围的工作人员都有一条比较短的行动路线，即方便了自己，又把对别人的干扰降到最低。办公室组团的功能流线上，把相互有大量信息交流的功能板块放在靠近的位置，设置专门的交流通道，这加强了它们的联系，同时也不干扰其他人员。把经常与外面联系的功能空间，如收发接待室，或到访者经常要去的地方，靠近入口布置。加强网络信息化，提高人

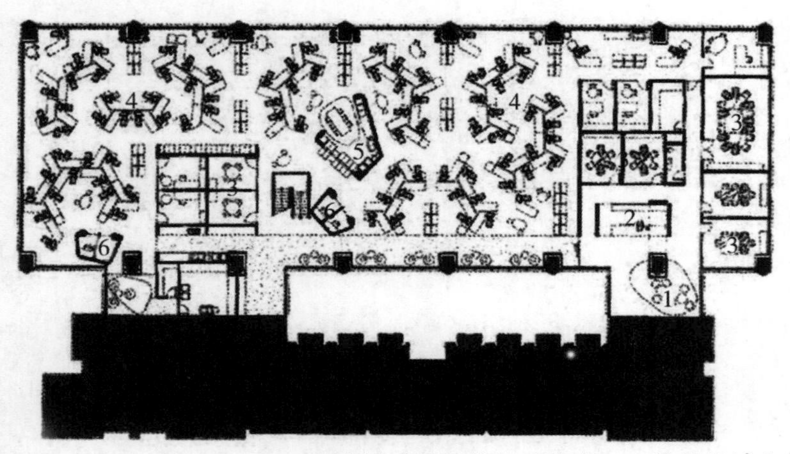


1—等候区；2—前台；3—会议室；4—办公室；5—多功能厅；6—工作区

图 6-1 办公室平面图

员电子信息交流能力，也能减少走动次数（图6-1）。

2. 工作单元与隔断

在办公空间的设计中，根据办公室的各种需要进行仔细分析，用一些符合模数的单元来取代一些传统家具。这些单元结合起来形成工作面、储藏柜、坐椅、隔断、支撑起工作照明装置，即把家具与隔断结合起来整体设计，控制家具的高度，可以消除视觉障碍。储藏是重要的发展功能之一，这是设计上的棘手问题，因为储藏涉及到个人隐私，有效的储藏能创造一种更加安全的感觉。

开放式办公空间的平面布置可采用一些与系统单元的家具尺寸相配合、符合模数制的布置网络，这种网络包括：正方形网络、正方形带有 45° 对角线网络、60° 变成的六角形网络、圆形网络、相交椭圆形网络等。一个理想的网络，应该使地面线路铺设方便，并与办公设备家具规模相匹配。

目前，可以移动的墙受到了设计师的重视。使用隔墙可以更灵活地划分办公空间，但是移动墙比固定墙昂贵得多。每一个变化都要付出它们的代价，隔墙的利用程度是设计师考虑投资效益的一个依据。

3. 办公信息化设计

现代办公经常使用网络系统和通信系统，在大空间内做很好的整体性的规划、设计和安装，在此之上再做隔断，可以满足每个人员办公空间的信息硬件要求。

大开间的办公数据电源线路可以直接走地板下面，然后可以不管后面的具体个人位置直接做若干转接点，后面确定人员、办公位置后再把电源网络线等布置到个人终端上。

### 6.1.2.3 设计特点

景观办公空间布置的特点是：①产生个人参与的自觉性，方便人与人的交流；②摒除等级观念，使上级对下属的接触更有利、更直接；③通过在办公室内设置低矮的隔断与植物及自由布置家具的方式，会使得办公室的情趣有所改善；④办公室内设置休息空间，使得工作人员之间交流更方便。

景观空间设计注重工作人员之间的交流与联系。旨在创造和谐的人际关系，采用分享式的规划观念，个人座位不固定，但是注重私密性，使个人工作不受干扰。设置一些精巧的绿化区域、咖啡座、交谈椅，倡导正式与非正式的交流来提升效率，强调大量的交流空间布置于主导功能空间周围或穿插其中。

景观办公空间注重健康，增加空间中的绿化面积，降低污染物和噪音。这种将健身房、休闲厅、绿化景观等功能性空间植入工作环境中的新型的办公空间设计理念，使得办公空间开始有了生活化的元素，有利于提高工作效率。

建筑的室外环境也起到了一定的作用。人既要有舒适的室内环境进行工作和生活，又要有良好的室外环境扩展活动空间、与自然结合。建筑无法脱离环境而独立存在。阳光、空气、绿化、雕塑、水以及建筑小品等构成了绚丽多彩的世界。疲劳之余既可漫步林中，又可驻足观赏；既可独处，又可交谈。

#### 6.1.2.4 设计中需注意的几点及解决方案

大空间办公区提高了交流与办公效率，但是工作的人总是抱怨噪声大、视线干扰、容易分心，交谈、走路，甚至打字的声音干扰了正常的工作；靠近窗户的位置采光、通风较好，但中心区域光线黯淡，通风不佳；计算机屏幕对人们造成危害，炫目的光会引起视觉疲劳；大空间里的环境噪音会引起耳鸣，以及固定不变的坐姿会引起疲劳等。其实这些问题都可以通过合理的设计进行解决。

1. 照明及视线干扰

新一代的工作照明存在着许多选择，但是正确的照明必须在实际工作条件下进行测试，而不仅仅是根据产品说明书来选购和安装。高照度的环境使人紧张、振奋；柔和的低照度环境容易让人进入松弛状态。低照度的统一照明与高照度的局部照明相结合并减少眩光产生，可以缓解人的视觉疲劳，增加办公区域重新划分的灵活性，同时达到了经济合理又具有高质量的光环境效果。

应尽可能让个人空间不受干扰，保持私密性，要用正确的设计隔断来解决，根据人体工程学的设计，应做到人在端坐时，可轻易地环顾四周，伏案时则不受外部视线的干扰而集中精力工作，这个隔断高度大约为1080mm，在一个小集体中的桌与隔断的高度可定为890mm，而办公区域性划分的高隔断则定为1500mm。

2. 噪音的控制

办公空间的噪音须控制在一定范围内，正常的噪音控制水平为42 ~ 48分贝。开敞式办公空间中，为了增加背景声音的混响效果，可以扩大开敞办公的面积，形成没有空白声音的混响背景，隔断、天花板采用隔音材料。平均每个人的工作面积为10m$^2$，相邻两人的座位距离不少于2.5m。

控制噪音主要在于控制噪音源，如灯光、键盘、风扇及其他设备等产生的噪音，都可以通过更换硬件来消除。此外可以在天花板和隔断上采用隔音材料来降低分贝，用较软的材料铺地来减小走路的声音，还可以用比较悦耳的声音来遮盖噪音，如室内景观的流水声等。

3. 人体工程学

人体工程学的研究着眼于某时的某个动作，事实上，在工作中往往是一连串的操作，例如，在键盘上打字，同时在电话上谈话，或在画、印某些东西，都是同时发生的。所以办公空间的设计必须考虑所有的工作通常不是简单线性秩序操作的。

4. 通风和采光问题

现代建筑都强调自然通风和采光，减少人工照明及机械调温，靠近窗户的位置光线及通风较好，但是中心部分的光线、空气流动就要逊色得多，此时可以采取人工照明、人工通风和自然结合的方式：可将办公室根据靠窗户的远近分隔成若干区域来安装电灯，以利单独控制；装设自动光源感应器，可依照室外光源的强弱，自动调整室内的电灯开闭，可节省用电量。同时中心部分安装机械强制通风装置，改善空气流通。

5. 大空间环境问题

大空间的设计是一个值得关注的问题，大空间里靠近窗户位置的工作人员可以获得窗外的宜人景观，而中心部分容易成为设计的死角，此时可以将中心部分做成人工绿化景观区域，成为一个室内“景观广场”，使靠近其办公的中心区域人员也有良好的景观视线和心情，同时也回避了中心区的自然光线弱、通风差的问题。

建筑师密斯设计的巴塞罗那德国馆等大空间的作品，简洁轻盈的流动空间，新材料的灵活性，加入“少就是多”的设计理念 。流动的、贯通的、隔而不断的空间开创了一个新的空间概念：交流与共享。这种形式的利大于弊，且不足之处也可以通过技术解决，是现代办公模式下良好的设计方法。

## 6.1.3 生态智能办公空间

智能办公空间一词最早出现于1984年美国康乃狄格州由联合技术建筑公司设计的都市办公大楼的建设中。该大楼以当时最为先进的技术承建并安装了室内空调、照明设备、防灾设备、垂直交通以及通信和办公自动化设备，并以计算机与通信及控制系统连接。随后智能型办公大楼及智能室内办公空间相继出现在日本等地。

### 6.1.3.1 生态智能办公建筑的含义

生态智能办公建筑称为生态建筑或可持续发展的建筑，该类建筑主要利用高科技手段创造，能够较好地对生态环境问题做出响应。

生态智能办公建筑广义上讲，是一个高效能源系统、安全保障系统、高效信息通信系统，以及办公自动化系统，这是国际上通常的考虑智能化办公建筑的几个方面。真正的生态智能办公建筑涉及一个全球的生态保护问题，就是通过大面积建筑节能化的控制，来达到减少污染的目的，同时提高室内的办公舒适度和提高产品的市场竞争力。

智能型办公楼必须具备以下基本构成要素：高效率的管理和办公自动化系统；先进的计算机网络和远距离通信网络；开放式的楼宇自动化系统。

### 6.1.3.2 生态智能办公建筑发展趋势

国际上生态智能建筑发展有两个大的趋势，一是调动一切技术构造手段达到低能耗、少污染，并可持续性发展的目标；二是在深入研究室内热功环境和人体工程学上的基础上，依据人体对环境生理、心理的反映，创造健康舒适而高效的室内办公环境。生态智能办公建筑因其高舒适度和低能耗的特点，具有很高的价值。它的市场价值，主要体现在：提高员工工作效率；改善员工健康条件；提高企业形象与地位；节约建筑设备投资和运营成本；提高在出租、出售市场上的竞争力。

### 6.1.3.3 布局形式

1. 面对面布置

面对面布置有如下特点：①团体位置明确；②商谈容易；③流程作业方便；④电话利用率高；⑤占用空间少；⑥组织变更方便；⑦工作人员视线干扰；⑧噪声干扰；⑨职工之间容易聊天；⑩文件容易堆积在办公桌上。

2. 学校式布置

学校式布置有如下特点：①交流的机会减少；②视线不会接触；③注意力不会分散；④相互干扰少；⑤具有井然有序的形象；⑥电话的数量要增加；⑦商谈工作困难。

3. 错开式布置

错开式布置有如下特点：①个人的收藏空间和作业空间增加；②视线不会接触；③相互干扰少；④电话分机的数量可以减少；⑤办公桌空间的有效利用；⑥通道明确；⑦商谈工作容易；⑧容易增加无用的资料。

4. 景观式布置

景观式布置有如下特点：①会产生个人参与经营的自觉性；②减少策略性的指示，使上司与下属接触更顺利、更实质；③当为开放式办公室时，会使视听觉的环境以及办公室内的换气状态获得改善；④通过在办公室内设置低组合隔间与植物及自由布置家具的方式，会使办公室的情趣获得改善，显得很活泼；⑤通过设置办公室内的休息空间，工作人员之间的交流方便。

5. 工作站式布置

随着计算机进入办公室，实现办公自动化后，将各种计算机、打印机、传真机及其他设备和人有机地结合在一起，形成一个个人办公空间，这个办公空间就是工作站。

工作站布置能够提高人的工作效率，复杂的工作能够在工作站内处理，减少相互之间视线干扰和噪声干扰，不会产生闲聊的情况。由于各种设备的有机组合，空间较节省。因此工作站布置方式是智能型办公空间布置的常用方式。

### 6.1.3.4 智能办公家具

1. 概念

智能办公家具在传统办公家具设计理论的基础上以相关基础理论（人工智能、信息论、控制论、系统论等）为指导，借助相关的应用技术（信息技术、微电子技术、传感器技术、智能控制、伺服驱动技术等），通过适当的结构和接口技术，模拟人的智能活动或者自动实现某种特定功能，同时与办公相关的其他各子系统有机地结合，最终达到让办公更舒适、安全、高效率的目的。从这一层面上来说，能够自动实现一些功能的办公家具都可以称之为智能办公家具。

2. 智能化办公家具的常见结构形式

（1）单一机构。常用的单一机构有连杆机构（如折叠椅、折叠桌）、凸轮机构（如各种夹紧、锁紧装置等）、齿轮机构（如齿轮齿条桌面加长装置及各种旋转装置）、螺旋机构（如各种升降装置等）。

（2）组合机构。采用组合机构可以实现较复杂的运动功能。如具有连杆和齿轮组合机构的内藏式电脑桌，键盘托板即为齿条，当抽出键盘时，通过齿条和齿轮传动，使一个四杆机构工作，将显示器从桌体内移出桌面。

（3）动机、传动机构和控制装置。为了使家具的调节和运动轻便、减少噪音，常使用液压和气动元件，如气动升降椅、气垫床等。为了使家具的调节和运动更方便、省力和可控制，智能办公家具还大量使用各种电机及传动装置。

3. 智能化办公家具设计实例分析

通过办公家具的智能化或者通过硬件设备的优化可以提高办公效率。以智能办公桌为例：可以自动调节适宜的办公环境光线；自动提醒办公人员调整办公姿势；解决电脑与家具的协调关系，解决了传统电脑接线烦乱的现象；通过视频脑波同步发生器来促使办公者时刻保持最佳办公状态。

### 6.1.3.5 智能建筑材料

智能建筑材料，更强调的是建筑节能，采用智能建筑材料、设计施工方法，降低运营成本，保护环境并提供舒适健康的办公环境。智能建筑材料主要是指在保护环境的前提下，建筑能够根据外界气候环境（即阳光、温度、风速等）的变化而自动控制调整自身，从而最大限度地利用自然的、可再生的资源。

1. 八个新动向

五合国际建筑设计事务所通过研究总结，得出了国际生态智能建筑技术发展的八个新动向。

（1）建筑群整体布局设计考虑生态节能、环境效益。

（2）建筑外墙采用呼吸式幕墙等高科技手段达到自然通风采光。

（3）高效保温隔热玻璃及智能遮阳调光装置，控制能量平衡。

（4）建筑楼板、墙体辐射制冷、供暖技术。

（5）活性能量建筑基础技术。

（6）置换式新风系统与分散式外墙新风装置。

（7）双层架空地面技术系统，综合解决布线、新风、灵活性。

（8）太阳能光伏发电以及电能高效存储利用系统。

2. 智能建筑材料与送风系统

国外成功的生态智能建筑较多，位于德国杜塞尔多夫市的维多利亚保险公司总部大楼，是欧洲非常著名的一栋生态智能建筑。该建筑值得关注的技术有智能玻璃幕墙、置换式新风系统等。

（1）智能玻璃幕墙技术。智能玻璃幕墙（Intelligent Glass Facade）是指幕墙以一种动态的形式，根据外界气候环境的变化，自动调节幕墙的保温、遮阳通风设备系统，以达到最大限度降低建筑物所需的一次性能源，同时又能最大限度地创造出健康、舒适的室内环境。这种技术主要是通过双层玻璃幕墙来实现。

智能玻璃幕墙的设计原则概括起来有以下几点：①利用太阳辐射热，节约冬季采暖所需能源；②最大限度利用自然采光以减少人工照明；③精心组织自然通风与排风系统，以减少机械通风能耗；④利用建筑楼板、墙体的蓄热性和昼夜温差，减少夏季制冷需求量，配合楼板采暖制冷系统创造舒适健康的室内环境；⑤各种幕墙机制、通风、遮阳、蓄热和建筑空调供暖通风等相互之间智能配合，以达到最高效率。

智能玻璃幕墙主要通过双层幕墙的形式得以实现，其内层幕墙相当于传统的玻璃幕墙，是室内外的分界线，通常由中空保温玻璃构成，并设可开启窗扇；外侧玻璃通常由单层钢化玻璃构成（也有外侧玻璃采用中空保温玻璃的实例，属于机械通风式双层幕墙系统，有精心设计的可调节的进风口和出风口），外侧玻璃主要功能是承受风载，防雨水、风沙、噪声，以及形成两层玻璃之间一个相对稳定的、可以调节的空气缓冲层。

（2）置换式新风系统。进风装置设在固定外侧幕墙的竖框之内，每一竖框内侧左右各设 22 个直径为 60mm 的圆形进风口，相当于每一窗扇单元有 0.12$m^2$ 的进风面积；进风口内侧有特殊合成材料制成的防鸟网。出风口设在位于楼顶高度的水平方向百叶之中，高度 450mm，铝合金百叶倾斜角 37°，可以有效地防止雨水进入幕墙内侧。

双层玻璃幕墙的主要优点之一是建筑在全年大部分时间里可以实行自然通风，包括在刮风下雨的天气里。在组织通风系统时要考虑避免室内排出的浑浊空气被再次吸入室内。在实际工程中有下列 4 种双层幕墙通风系统。

1）楼层水平进出风口对角通风系统。

2）带窗下墙的通风系统。

3）竖向窗框进风，横向排风系统。

4）带竖向风道的箱式外窗排风系统。

#### 6.1.3.6　案例分析

1. 智能化的办公建筑

dvg 公司总部汉诺威公司总部大楼位于德国，总长 380m，行政大楼坐北朝南，正对着乡村景色。结构呈手指状，内部种满了绿色植物，和周围的风景相互交融在一起（图 6-2）。为了最大化利用被动太阳能，这栋拥有 3 个玻璃屋顶的大楼设计为面朝南，室内主要的功能空间布置在主要通道的两侧。室内主通道从商场开始，犹如一根轴线贯穿整栋大楼。交流区和商务休闲室都位于这条轴线上，此外还有咖啡厅、商店、市场摊位和一个自动提款机，如图 6-3 所示。过道作为中心轴线的大楼设计。办公区开敞式的布置通过一系列的阳台融入周围绿色的风景当中，此外，T 形的复合型办公区也决定了大楼的结构，它使得室内空间组织更加灵活性。这样一栋供 1850 名员工使用的大楼要有自由交流的空间，要提供面向国际合作的能促进交流的办公环境，员工可以在组织和小组之外随意聚会和攀谈。

图 6-2　玻璃大厅面朝南，为了最大化利用太阳能

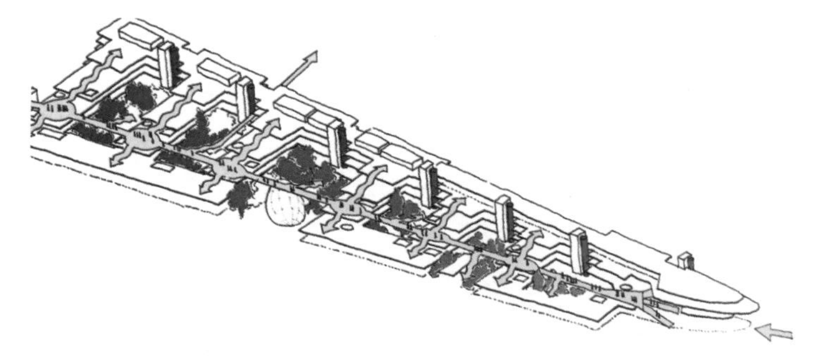

图 6-3　过道作为中心轴线设计

室内的照明环境良好，大庭院中种满了橄榄树、无花果树和石榴树，所有办公室也都可以直接从通道通向阳台或者是风景如画的室内庭院。绿化给长期工作的员工提供了缓解视觉疲劳的机会。同样，室内的绿色植物也改善了空气质量（图 6-4、图 6-5）。

该建筑内部空间的设计符合新型办公空间的模式，为了满足交流和创新空间最大化及预算等问题，将办公室设计成商务俱乐部的办公模式。具有公共的交流区、咖啡吧、座位区、部门档案馆、图书馆等，动态与静态空间相结合。每个办公地点都是标准配置，并都与网络相连。

图 6-4　玻璃屋顶的主通道和小组讨论区

图 6-5　穿越敞开式玻璃顶层庭院花园的人行横道

大楼的结构以及大楼的外涂层采用智能化设

计，适合常年利用太阳能和风力，大楼的几何形状根据需要能源量产生变化。3个玻璃屋顶形成了室内和室外之间的气候缓冲器。冬天，透过玻璃大厅进入楼内的太阳能可以帮助降低取暖成本。玻璃外墙的作用并不是创造一个加热的空间，而是创造一个气候的转换空间，为办公大楼创造一个有常青植物的地中海特色的气候。夏天，特别是通过敞开大面积的区域，可以防止玻璃大楼内过热，于是创造了一个可以进行理想的自然通风的外层空间。

屋檐上的由太阳能控制玻璃制成的天窗为大厅遮挡强光照射，特别是早上和晚上地平线上的太阳光线防护。为了让空气在大楼中自由流动，最有效地利用结构，还进行了大量的风洞试验。利用暴露在外的钢筋混凝土中的热材，热激发的天花板系统控制了公区的温度。当地的一个热能站为整个设备提供能量（图6-6、图6-7）。

图6-6 种植植物的玻璃屋顶庭院的剖面图

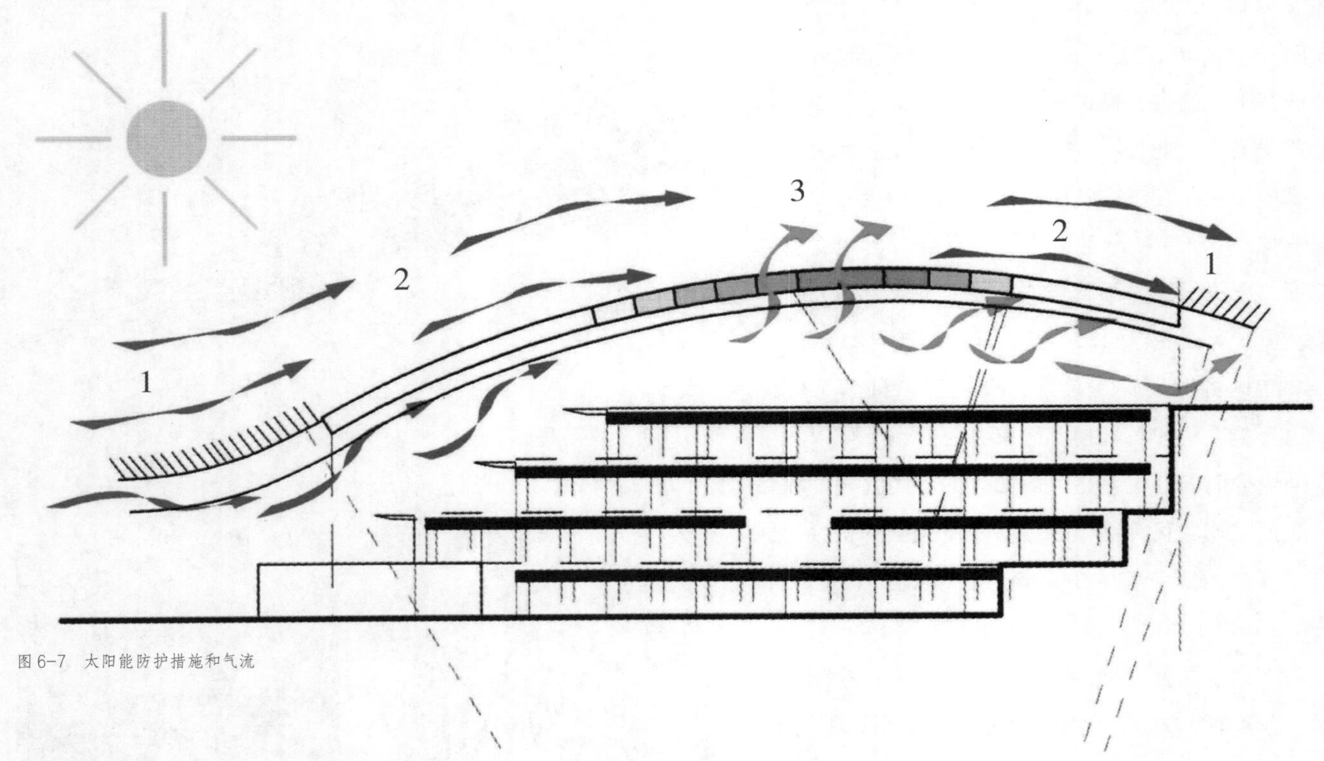


图6-7 太阳能防护措施和气流

2. IGuzzini 总部

该建筑位于意大利亚得里亚海岸线上的一个山城 Recanat 城边的一个工业区之中，外表简洁、朴实。引人注目的是其与众不同的屋顶结构，屋檐向外突出6m多，由一个倾斜且雅致的钢结构支撑着，其上安装着铝制天窗，为的是能够遮挡住完全透明的南部墙体。该建筑为一栋低能耗的时尚办公大楼。

行政管理总部是一个环保典范，考虑了资源等因素，室内设计兼顾了美观与实用。其实用性主要表现在室内温度的舒适性。设计师将敞开式办公模式围绕光线充足的中庭布置，与透明墙体之间的相互作用，创造了合理的办公条件。

大楼内部的设计核心是位于中央位置的兼做门廊的中庭空间，这个空间将办公室的4个楼层连接起来，并形成视觉上的一体结构。一个种满竹子的花园，通常会让人联想到日式花园，与12个天窗一起，共同营造了一种轻松愉悦的气氛。为了能充分利用阳光，即使是在一层，钢结构楼梯使用的也是玻璃台阶（图6-8～图6-12）。

图6-8　只有前方是防火梯的东西两面墙才是不透明的

图6-9　低能耗办公大楼外部的特征是光滑的表面、透明的结构和简化的细节

图6-10　巨大的外伸天窗结构完全遮住了建筑的玻璃墙体

图6-11　中庭景观

图6-12　花园与清凉的建筑材料的使用相映成趣

室内按照传统的等级组织结构设计，管理层宽敞的个人办公室位于最高层，而且周围还有一个大阳台。三层以下的楼层里有蜂窝式办公室、行政管理人员的团队办公室和销售部门的办公室。一层有各式各样的会议室，简易的气候控制系统的设计建立在最大程度上的利用阳光和办公室区域有效的自然通风和制冷的基础上，它由大量精心组合在一起的主动的和被动的设施组成。设计元素结合气候控制系统，创造性地设计出外伸的屋顶结构，垂直悬挂的屋檐，还有安装着与众不同的天窗的中庭。中庭发挥着双重功效：它的12个天窗可以将阳光折射进入大楼内部，同时也是通风井，属于以交叉气流为基础的自然通风设计的一 部分。这种结构使得在炎热无风的天气里，烟囱效应被增强了。夏季，昼夜温差被用于冷却办公室。粗糙的混凝土天花板和坚固的内墙发挥着保温材料的作用。配合着一贯的遮光隔热功能，差不多一年四季办公室都可以有舒适宜人的温度。起辅助作用的空调可以满足高峰时期的温度需要，这种空调是风扇线圈结构，用于冷却重复循环的空气，位于矮墙区域当中（图6-13和图6-14）。

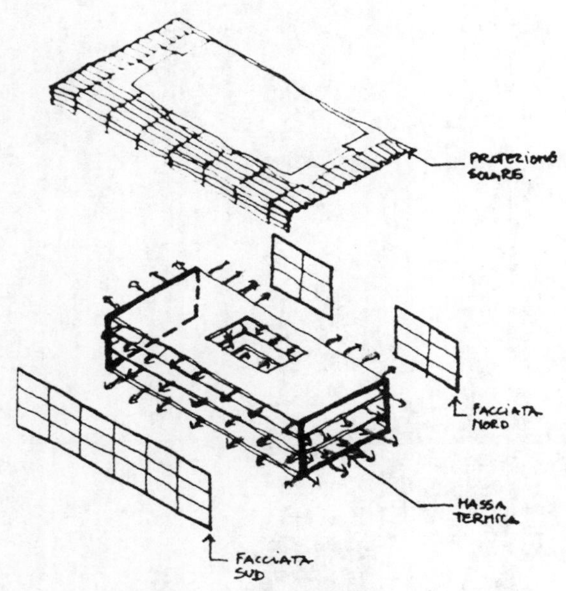


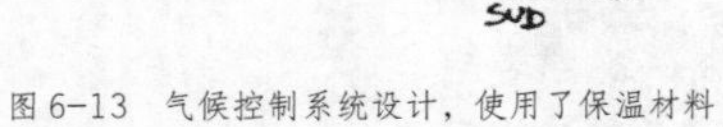
图 6-13 气候控制系统设计，使用了保温材料

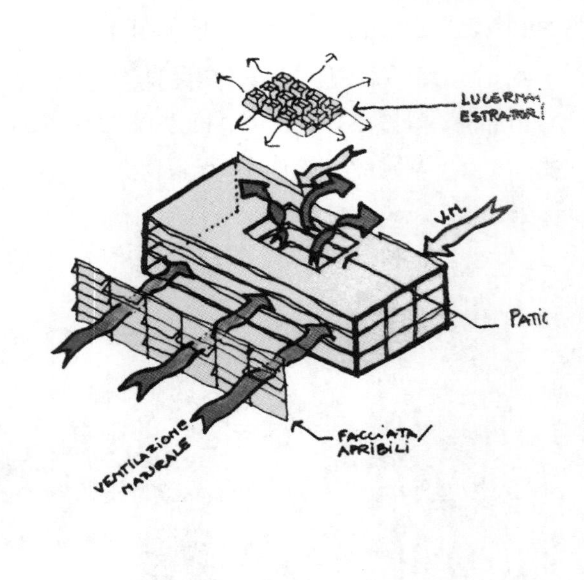


图 6-14 夏天气温高时，也可以实现自然通风

完全透明的南部墙体能够满足夏天所需的阴凉，室内的软百叶窗可以单独控制光线的进入，从而防止强光直射电脑屏幕。一个补充的水平灯架将阳光经过天花板折射到大楼内，使阳光可以深入照射到大楼内部，甚至能保证把光强度分派到靠近窗户的办公地点。这样整个大楼都可以获得充足的阳光，中庭天花板上的照明系统在这个过程中发挥了重要的作用（图 6-15 ~图 6-18）。

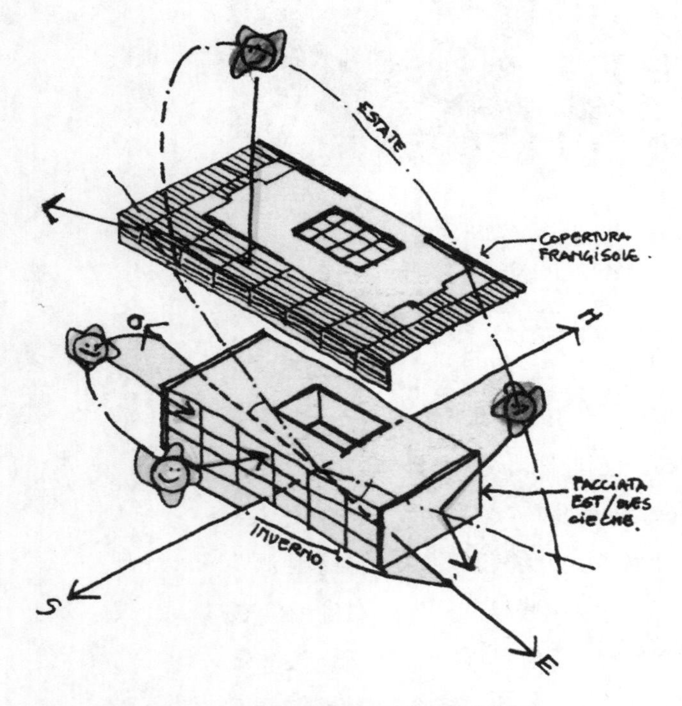


图 6-15 天窗的固定方式可以保证冬天阳光照射入内，夏天可以遮挡阳光

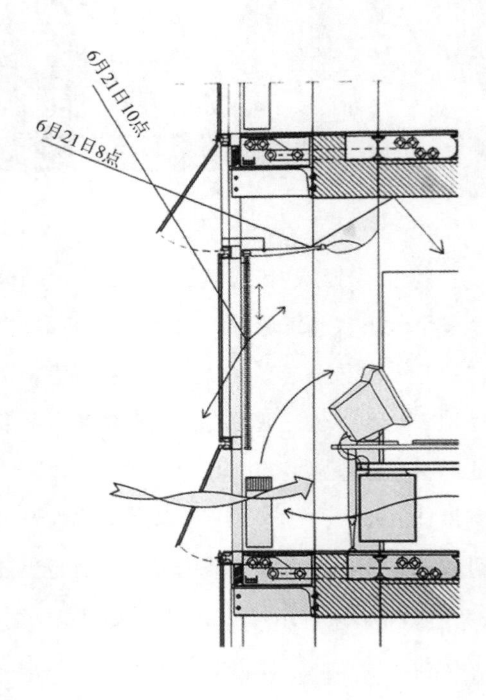


图 6-16 墙体细部设计

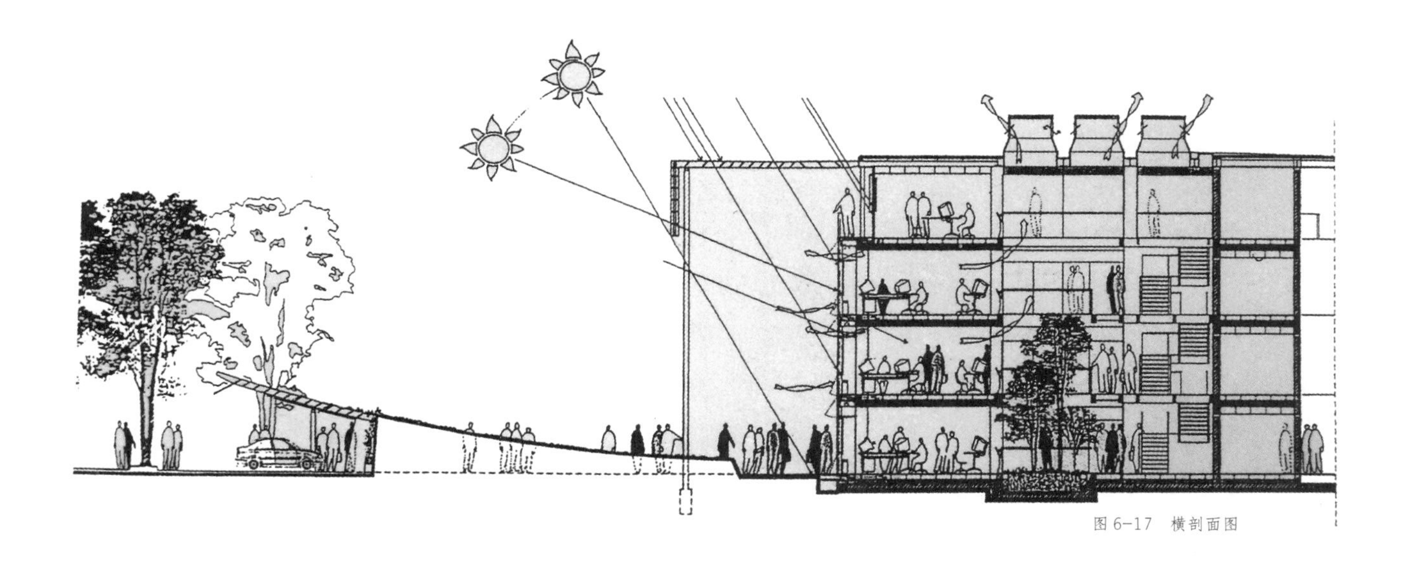
图 6-17　横剖面图

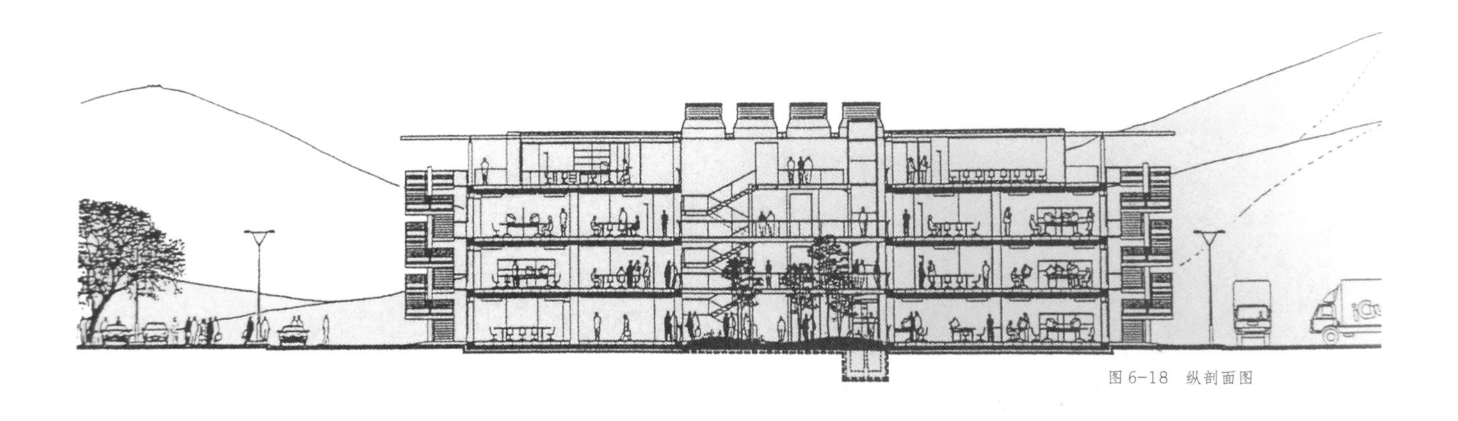
图 6-18　纵剖面图

## 6.1.4　SOHO——家庭办公空间

SOHO 是英文"Small Office Home Office"的缩写，意为小型化办公和家庭办公模式。SOHO 模式的出现源自于居住在美国的部分艺术家们的生活环境和方式。但随着时代的发展变化，SOHO 模式也被赋予了新的内涵。我们需要对未来的居家空间功能、配套设施进行重新定位。家庭工作室为职业工作者们提供了更具个性的办公场所，以及更具自由度的办公方式，符合世界的流行时尚，可最大限度地激发他们的艺术灵感和创作激情，这种方式也被越来越多的人所接受。

### 6.1.4.1　生活和办公空间的一体化

SOHO 从本质上讲，不是地域空间的标志，而是一种思维观念。到目前为止，多数使用网络的 SOHO 族还是在家里工作，尤其是自由职业者和个体劳动者长时间习惯于在家中完成他们的工作。设计师设计的关键在于如何根据 SOHO 族的生活方式重新构架室内外的空间环境，创造适应社会进步的未来型住宅，这是一种新建筑类型的突破。对于整体空间，SOHO 的设计集中体现在户型和庭院设计两个方面。对于户型设计来说最困难之处是使住所兼容居住和办公两种功能。

在处理这个难题的过程中，推拉活动隔墙被设计师引用，因为这种分割方式相对比较灵活，使办公室与其他功能空间形成可分可合的关系，当你需工作时，你可以封闭办公空间，不去干扰家人生活。而当你闲暇之余，可使办公空间与居室融为一体。因此住宅的公共部分是一种流动的空间形式，这种流动空间围绕起居、客厅和办公三个功能，人置身于此，将深感办公的自由和乐趣，生活的方便和安逸，再加上室内环境的设计，无疑使 SOHO 住宅空间充满个性化的表现。庭院的设计，不仅让 SOHO 族可以保持经常性的户外面对面的问候和接触，增进感情交往，而且每一户型中有房间朝向内庭院，甚至包括厨房的操作间，使居住在高层建筑中的人们直接接近自然环境。也可以推开门走进绿色之中，这无疑可以作为住宅设计的一次大胆尝试。

现代的办公空间设计正在极力模糊居家与办公两种空间之间的界限，未来的家庭化办公室，应是温馨的、愉快的、临时的或适当个性化的。居家办公相对于纯粹的公寓和办公楼而言，对房屋的空间、停车场、水电等资源达到了最充分的运用，而且极大地减少了城市的交通压力和空气的污染。

#### 6.1.4.2 休闲性与亲和性的融合

生活和工作一体化之后，“家”成为 SOHO 族生活的重心。工作空间及其办公设备也体现出居家性的一些特征，而其中休闲性及亲和性为人所关注。

从功能的角度来看，未来的办公和家庭用的家具并不会有严格的分类和明显的区别。它们大部分都被办公和家用两个环境融合，家具也得到双重的实用价值。当今整个居家办公形态走向生活化，追求休闲性。

在设计的创作上，注重人的因素，关心使用者的心理、情感需求。家庭化的办公室不仅满足工作的需要，而且还要与生活环境相协调。不断展示出一种潜在的心情需求。针对 SOHO 这种特殊的更具个人色彩的生活方式，设计师应注重相关设计的艺术风格、文化特色及客户工作意境的创造，使其更具亲和性。

#### 6.1.4.3 SOHO 模式对建筑空间的要求

SOHO 空间实际上可以看做是城市多层次、多功能空间解体之后的重构。建筑空间的界定采用模糊方式，兼具多重功能。为适应主人居家和办公的不同需求，在客厅、餐厅和办公区域之间设置了活动推拉隔断，使本来静止的住宅空间内产生了意想不到的流动性，这也成为 SOHO 建筑的主要特色。

例如北京的 SOHO 现代城带来一种全新的观念，即随时可以改变的空间形态，带给人们丰富的空间变化感受。在空间分与合的处理上有较完善的设计理念，把人的参与和实施的可能结合起来，较好地体现了“为人设计”的立场。

#### 6.1.4.4 SOHO 模式对未来住宅的影响

SOHO 表达出建筑和空间的新的功能性概念。目前，设计师们纷纷提出了适应未来发展的 SOHO 型住宅的全新设计方案，即小型家庭办公室型住宅方案。这一方案的理论基础既是对以前住宅设计的经验总结，也是对未来住宅功能的全新定义，即“住宅将是社会生活的单位空间”。

住宅应兼容社会生活其他功能，但其基本功能不能被破坏。在保证办公的基本功能空间之余不能破坏个人所具有的私密空间。SOHO 模式对未来住宅的影响主要表现在以下两个方面。

首先，是节约资源问题。以住宅和写字楼两种建筑类型为例，住宅的使用率集中在晚间，而写字楼的使用率集中在白天，两个不同的时间中活动，而如果能使这两个空间合二为一，那将会极大地节约有限的空间和资源。

其次，仍以住宅和写字楼为例，如果一个人能够在住宅中完成写字楼中要做的事情，他可以由此获得三大优势：①减少每天来往于写字楼和住宅之间所花费的时间，并减少能源的浪费；②通过网络可以直接与外界交流，减少过去在写字楼中因处理人际关系而浪费的不必要的精力；③在家中办公，可以根据自己的习惯，自由地安排时间，使办公更轻松，更具个性化特征。

### 6.1.4.5　案例分析

在室内功能分区上，设计的主要任务在于能把两个具有明显差异且看上去用途截然不同的设计融合在同一空间内。一些设计师们将两个功能空间截然分开，没有直接的联系。把工作室安排在一个空间当中，把居室安排在另一个空间中。其他一些人则更喜欢利用垂直空间划分，用楼梯或坡道来连接两个功能空间。还有一些设计师由于客户的意愿或空间的限制，把这些功用融合在一个由活动隔断或者不明显界限分割成的多功能空间之中。

1. 画家与作家的住宅兼工作室

在此案例中，业主为作家和画家的夫妻两人，他们买下了纽约市的仓库，希望能够创造出一个他们共同生活或和工作的空间。他们将家庭空间和职业空间巧妙地融合在一起，把两个具有明显差异且看上去用途截然不同的功能空间融合在同一场所内（图 6-19）。

1—卧室；2—起居；室 3—餐厅；4—多媒体空间；5—厨房；6—工作间；7—浴室；8—更衣室

图 6-19　画家与作家的住宅兼工作室

位于中心位置的工作室直接通向起居室，是一个既可以放松娱乐又可以写作绘画的地方。这里的生活必需品除了书架、桌椅之外，还有一套具有艺术性的音响电视设备、一台

图 6-20 起居室，艺术品由主人自己制作

图 6-21 巨大的工作间和起居室、厨房、餐厅融合在一起

电脑和一些多媒体装置。但是由于设置了隔断，视觉上两者并没有什么连接，因此形成了一个相对私密性的空间，因而在视觉和听觉上都和其他空间隔离开来，夫妻两人在这里拥有一个私人空间，非常放松。这种隔离感因其是这里保留的唯一一间木质地板的房间而加重了，它看起来就像被其他房屋所包围的一个小岛。朝北的工作室可以让艺术家透过巨大的窗户凝望外面的全景，当太阳从乌云后徐徐移出或在万里无云的晴天阳光直射下来的时候就会由此激发出灵感（图 6-20 ~图 6-22）。

图 6-22 写作空间

功能空间划分将最为私密的地方，如卧室、浴室和梳妆室，靠房间的边缘布置，和其他区域分隔开来。厨房、餐厅及起居室和工作间、门厅及走廊连在一起。设计中为了保留建筑原来的风貌，如拱形的屋顶、石膏墙等，修复工作中也采用了一些与原建筑相近的产品和材料，为了表现建筑原来的面貌，电气设备和管道也都暴露在外面。在原有的地板上铺了一层环氧聚氨酯的混合材料。为了避免室内色彩过多，垂直分隔采用了隔断，产生了一种灰色的、均衡的、中性的氛围。这样就能在形式和色彩上充分感受艺术作品了（图 6-23）。

图 6-23 卧室装饰成白色，凸显家具和艺术品

2. 美国曼哈顿双重功能的 SOHO

罗森贝格（艺术爱好者）的住所，位于美国曼哈顿南部老工业区 20 世纪 20 年代早期的商业楼内，在 80 年代被改造成生活区。它将这种双重功能的优势发挥到了极致。设计中将工作区和生活区分隔开来，安排在不同楼层，楼下为办公区，楼上为生活区，用楼梯或坡道来连接房间。这样就使居住者可以在同一公寓内享用到独特的、不同的环境氛围。这个建筑包括了两个垂直相连的楼层，内部被改造为一名艺术爱好者的办公室、工作间和居室。由于建筑师采用了将两个部分连接的同时又保持各自独立的设计，两部分之间的关系就显得尤为重要。

起居室、厨房和两间卧室设置在楼上一层，为了更大面积地接受阳光，外墙直接开敞。楼下用作办公室和工作间，混凝土地面直接铺锌板，室内采用两个可移动的屏风作为隔断，一个是石膏板的，一个是半透明玻璃的，可以很容易地重新布置房间。一个楼梯连接了两个楼层，同时又把楼上的工作区和生活区分隔开来。材料运用也很讲究，混凝土、枫木、不锈钢和多层玻璃，创造出一个既简洁又雅致的空间。房内的一些布置是由建筑师自己设计的，如浴室和厨房的工作台，房主收集的华丽的现代家具也为房间增添了优雅的美感（图6-24 ~图6-28）。

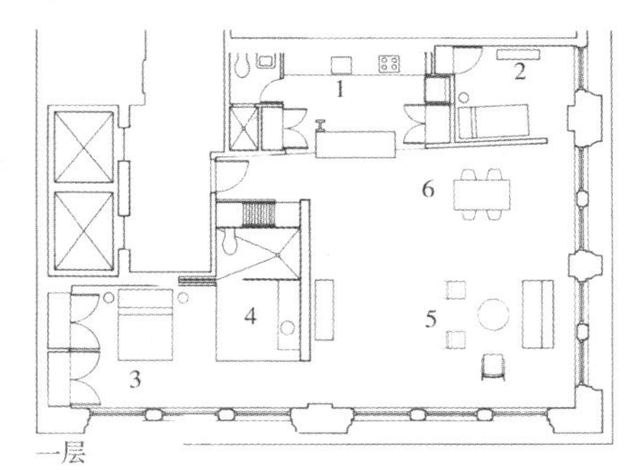


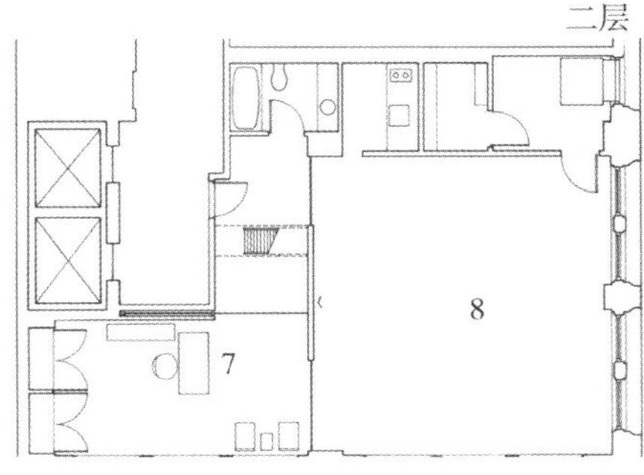


1—厨房；2—卧室；3—卧室；4—浴室；5—起居室；6—餐厅；7—办公室；8 —工作区

图 6-24　平面图

图 6-25　楼上有卧室、起居室、厨房

图 6-26　楼下的地面未作改动，作为办公室和工作间

图 6-27　楼梯连接上下两层，将工作区与生活区隔开

图 6-28　厨房

3. 建筑师的住宅兼工作室

建筑师彼得・施密特为了避免往返于办公室与家庭之间，决定将自己的居所设计成住宅兼工作室的双重功能空间。与此建筑相连的是一个住宅兼工作室，建筑的复合体在功能上考虑了空间的独立性。各个结构都有地面粗糙的露台及花园，通过结构和建筑细节的融合使得两个建筑很好地结合到一起。建筑师的工作室为钢筋混凝土结构，外面覆盖着玄武岩板，里面是石膏。内部空间比例划分严格，并且可以直接通往花园。住宅开有巨大的窗户，可以充分地接受阳光和欣赏窗外美景。公共区设在一层，更多的私人生活区在楼上，并通向阳台（图 6-29 ~图 6-34）。

图 6-29 建筑正面外观

图 6-30 楼房由两个独立结构组成

图 6-31 外部精心设计的景观

图 6-32 周围的过道加强与内部的联系

图 6-33 周围的过道加强与内部的联系

图 6-34 工作间是一个没有分隔的大房间，经过玻璃门通往花园

## 6.1.5 移动办公室

移动办公室，即“公文包里的办公室”，是经济、科技、社会三者发展进步的共同产物。通过无线互联平台及其应用系统的作用，移动办公室已经成为一种能够使用户获得随时随地、简便快捷、安全可靠、价格合理的通信和办公能力的理想方式。这种工作方式的一个

重要特点是环保。

6.1.5.1　特点

移动办公室的优点是灵活性强，总是拥有最先进的技术，而且显得更有组织条理。缺点是缺少亲密关系，在路上容易意外丢失技术产品，在技术上要进行必需的投资等。

移动办公室有些设计成酒店式办公空间。例如，某公司在伦敦的总部，员工使用办公室，好像是在一家五星级酒店办理入住登记手续一般。

6.1.5.2　技术支持

移动办公室的实质是数据技术、数据传递、数据存储（读取）、数据表现的移动化，主要借助于无线网络技术，包括无线局域网技术（WLAN）、移动无线网络技术和蓝牙技术等。

6.1.5.3　移动技术与汽车的结合

移动办公室与汽车的结合变成了现实。用户使用随身携带或车载的数字终端通过特定的软件，来实现移动办公的过程。移动办公中，没有了物理线缆的束缚，无线电波代替数据线，用内置电池代替电源线。便携式投影仪是移动办公室的必备工具，可以在移动状态下作会议演示、讲解，可以在车辆上建立车载会议室。

6.1.5.4　移动办公室与家庭的结合

“OfficePod”的出现是为了应对金融危机，节省成本而把员工的办公室“搬”到家里。为的是给这些在家工作的员工们制造一些更像工作场合的空间。它是一个安装方便的独立的办公空间，可以很容易地建造吊舱，提供两种风格和功能。当然，OfficePod 的设计生态环保，利于可持续发展，使用了再生建筑材料，照明非常节能。专门为 SOHO 族设计，可以设立在客厅里，也可以安装到花园中，墙壁采用了特殊材质，隔音保温，让人在里面可以安心办公，免受外界干扰（图 6-35 和图 6-36）。

图 6-35　OfficePod 可以放置在花园里

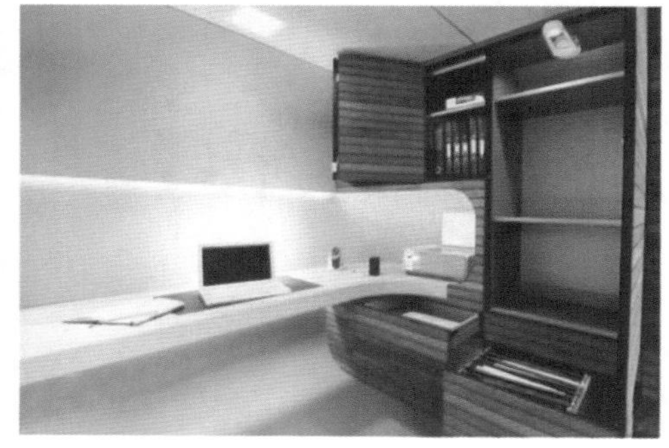

图 6-36　OfficePod 的室内工作环境

这种 OfficePod 对雇员来说有几大优点：①可以拥有一个独立办公室；②环境好，有利于创造性工作；③便于拆卸且环保。对于雇主来说也有几大优点：①一次性支出成本；②不需要为座位而烦恼。当然，这个 2.1m × 2.1m 的全环保办公室也存在很多问题，如安装复杂，不方便工作上沟通。

## 6.1.6　共享办公室

共享办公室是用来表示在同一时间或者不同的时间段进行工作的两个或者更多的员工，被指定使用同一张桌子、同一个办公室或同一个工作站的工作情况。

共享办公室的优点是节省房地产费用；促进工作团队之间的沟通。缺点是如果共同的

图 6-37 共享办公室方便快捷

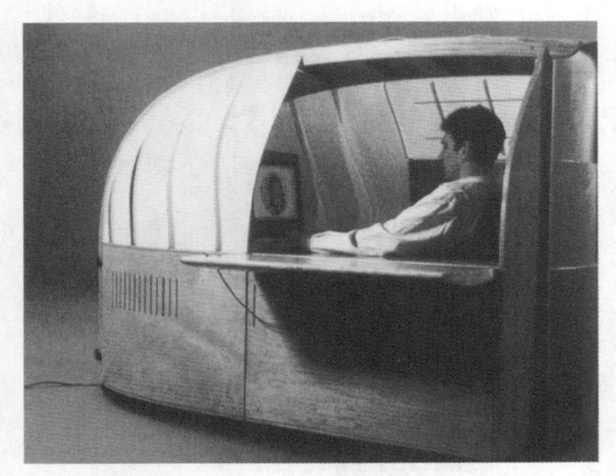
图 6-38 飞机座舱办公室

使用者之间互相不喜欢的话，则会引起他们之间的仇视；卫生条件较差；工作岗位狭窄，容易因混淆而丢失文件等。

共享办公室也可能是不同公司的员工在不同时间使用同一处办公室。共享办公室不同工作职务的人，在同一个空间里各就其职。使用共享办公室的大多数是二三十岁的年轻人，通常是只有两三个人组成的微型企业，资金不充足的自主创业者以及自由职业者等。他们的业务量小容易完成，在过去几年，在全球的许多城市出现了类似的共享办公室。

在这里办公有多种选择，可以和他人共享一张办公桌，也可以租用一处永久办公桌，以便保存电脑等私人物品，当然月租也会有所提高。在共享办公室工作，可以不必拘束，人们使用电脑和打电话的方式都很随意，可以在桌子上或沙发上工作，他们还能交流生意经，有喝咖啡饮料、吃精美小点的区域，能使用因特网，能共用会议室和厨房等。此外，艺术家和设计师们需要的器械工具也一应俱全，让办公室俨然有制造车间的感觉（图 6-37）。

### 6.1.7 飞机座舱办公室

飞机座舱这类小型办公室，为不愿受到干扰或者对私密性需求比较高的人群而设计。同时，它被称作“超级电话亭”或者“亭子”。其优点是给员工们提供听觉和视觉上的私密性。缺点是不利于监督；员工们趋向于躲藏在这些小办公室里，有时办公室在对于团队协作或者两个人使用的时候显得过于狭窄（图 6-38）。

## 6.2 案例赏析

### 6.2.1 案例一：贝克特服务公司

贝克特服务公司将凸显交流和创新的公共形象作为设计的主要目的，在设计上利用内部的延伸创造一个更加开阔的内部办公结构。公司占据两个楼层，一层主要布置开敞的办公区域，宽敞的房间有着清晰的分隔，设计师利用写字台结构避免办公桌上出现混乱景象。在每两个办公区的写字台对面配置 1.6m 高的柜子，并且这些柜子具有可以伸展的隔板，为员工提供了隐蔽自己的空间。二层设有私人办公区，员工可以在这里专心工作而不受干扰。三层是一个宽敞的电话管理中心。而接待处、个人办公室、会议室和休息室都被设计在第四层。

为了使房间产生良好的声响效果，工作区都铺设了地毯，而转接区和通信区则铺上了油地毡，天花板上也悬吊金漆的细刨花轻质建筑板材（图 6-39 ~ 图 6-42）。

图 6-39　设计师采用了写字台结构

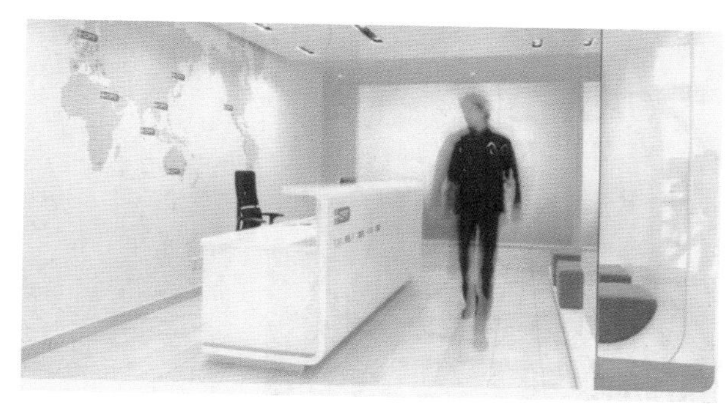

图 6-40　公司形象墙

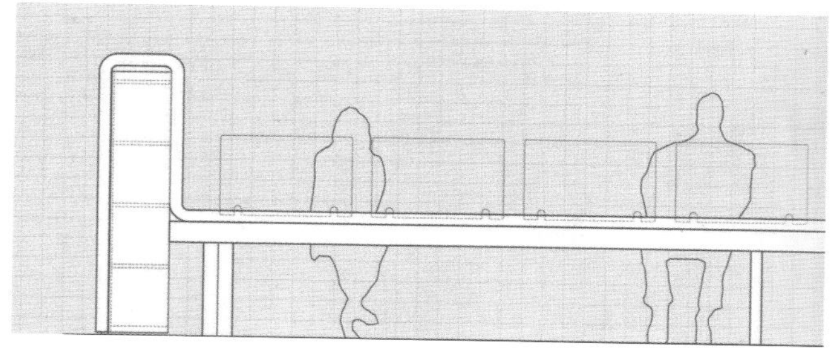

图 6-41　两个工位使用的桌子

图 6-42　写字台对面配置 1.6m 高的柜子

## 6.2.2　案例二：维也纳山度士制药厂总部

位于维也纳的山度士制药厂总部，对于它的设计，设计师从化工的角度考虑，与企业的类型形成呼应，在设计上采用了模块原理，并将其重复使用。把不同的工作空间划分成不同的区域，如完全封闭的、半透明化的和完全透明的区域，流畅的空间构造给人自由开阔的感觉。办公室的内部设计有灵活的橱柜系统和绿色区域，落地式玻璃上面既可以安装橱柜，还可以供绿色植物攀爬。每种模块都对应不同的造型元素。入口处的走廊一侧采用线型的模块造型；另一侧则采用照明来区别，灯光、色彩和几何图形一起营造了开放而又大方的感觉。接待台则如同一个单独的物体从模块橱柜系统中凸现出来，大厅以及茶点厨房这些易于交流的区域在设计上进行了特殊强调，大厅中装饰的绿色植物，不仅具有洗尘净化空气的功能，也能作为一种装饰生长在玻璃箱内（图 6-43 ~ 图 6-48）。

图 6-43　直线形家具的空间

图 6-44　接待处的柜台正面被设计成样式各异的小箱子和栽植绿色植物的玻璃盒

图 6-45 接待处

图 6-46 带有酒吧的休息室

图 6-47 等候区采用模块原理设计

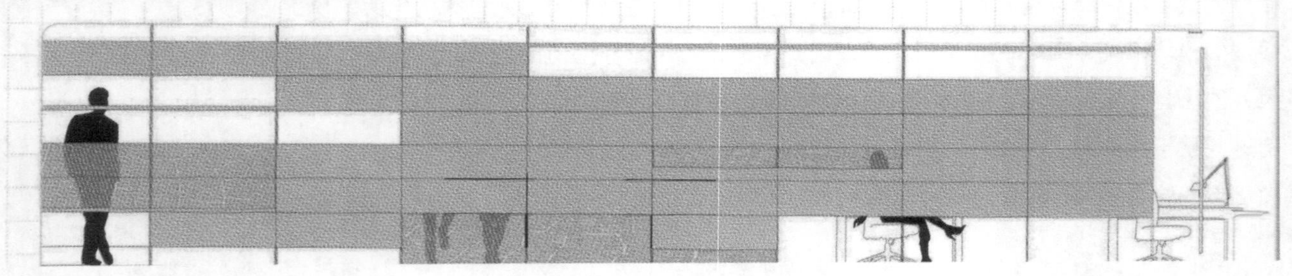
图 6-48 工作区的立面景观

## 6.2.3 案例三：诺华制药厂

诺华制药厂位于德国莱茵河畔的巴塞尔，是一座五层的行政中心。空间内部遵循人性化的设计原则，每一层都设计了图书室、茶点房、交流区和传真室。共享案头是个性化的指定办公区，员工可以根据手头的工作任务自由选择最适合的工作空间。

该公司主要从事医药产品和医疗服务工作，包括各种不同的工作区。空间也根据功能不同分隔成为完全开放式的办公空间、柚木板玻璃墙分隔的封闭式办公空间。其间类似座舱的物体将这些空间进一步分隔，使得每个空间大小适中，而且之间相互隔音。7.5m$^2$ 的空间适合员工集中精力从事个人工作，而 10.5m$^2$ 的则会更加宽阔一些。不同规格的封闭式房间被称为“办公休息区”，是员工闲暇时间交谈讨论的场所。

一层的设计极具代表性，视野开阔而且向公众开放。这里的室内设计引领了现代办公设计的潮流，如精选的装饰材料和大厅中皮质的安乐椅等，营造了一个个性、亲切而又放松的空间环境。办公区呈现椭圆形的曲线形，在此基础上还设计了蜗牛状的公共交流区，稍大一些的会议室可同时容纳 6 ~ 12 人，胡桃木的楼梯还带有私人空间。

该建筑的特别之处是有两个表面：一个是内部的铝材建筑起着隔热功能，而外部则采用三层的彩色玻璃。两层表面之间通过凉廊隔开，平时作为员工休息放松的空间（图 6-49 ~ 图 6-52）。

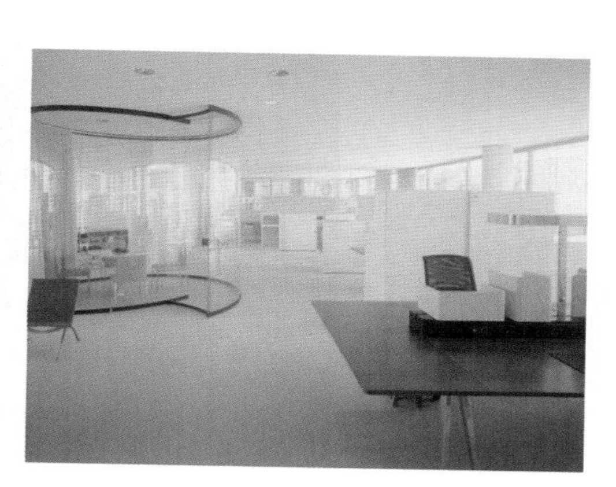

图 6-49　带有高玻璃墙的会议室

图 6-50　办公楼的楼梯采用刻纹的胡桃木材料

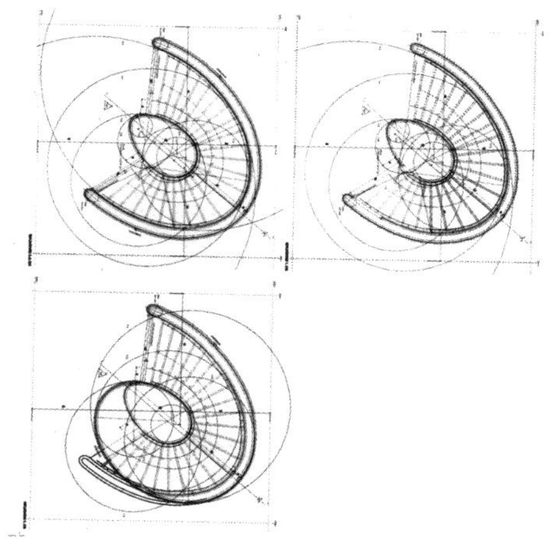

图 6-51　蜗牛状的私人空间

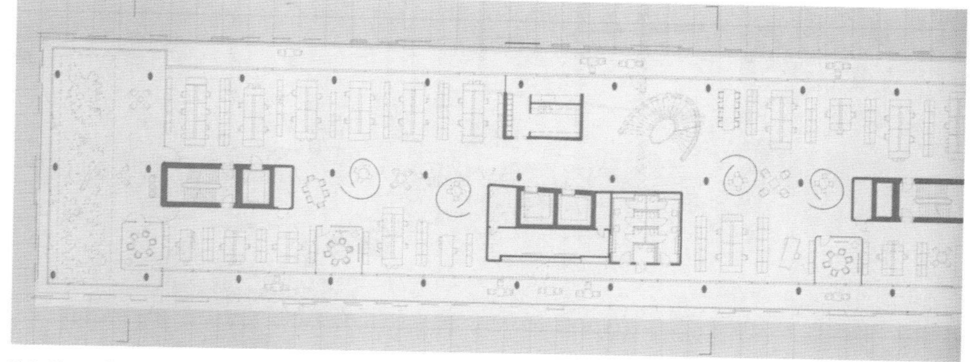

图 6-52　二层平面图：独立的和公共的，开放的和封闭的办公空间

## 6.2.4 案例四：广州尚美公司设计办公室

设计师根据现代办公空间的主要模式将其分为：工作区、会议室、资料室、收藏室、展室、艺廊、厨房、餐厅、茶室，室外设有清水庭院、运动球场。设计注重空间细节演绎，利用材质、空间陈设、灯光进行推敲，凸显空间的意境。

空间设计主要运用土布白乳胶漆肌理墙、欧松板、绣板文化石、白水泥漆地面横条纹喷砂玻璃等作为主要材料，营造出一种纯粹的、现代的东方情调，贴近自然的淳朴气息（图6–53）。

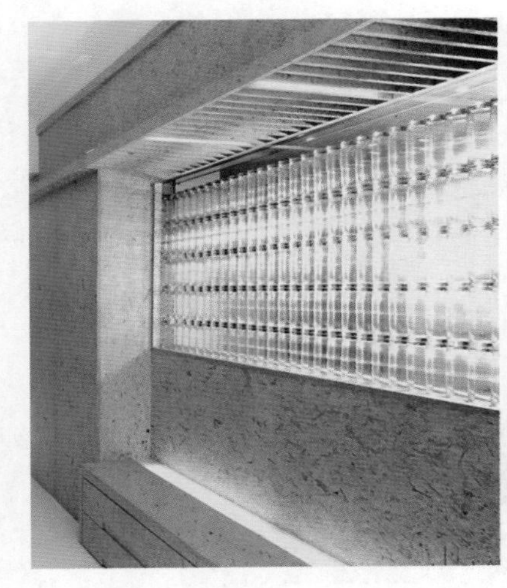

图 6–53 材质产生的秩序感，陈设诱发的审美情怀，灯光营造的空间意境

## 6.2.5 案例五：深圳家具研究开发院办公室

这个建筑面积约有 $4000m^2$ 的办公建筑在诸多方面都是创新的，也是首屈一指的。设计师将生态学和人体工程学贯穿整个设计工作，由于建筑的多功能性，设计师运用不同的方法设计每个细部。建筑外观变化丰富，运用各种色块的大胆拼贴，运用混凝土、钢、玻璃、合成竹材为主要材料，营造一个具有活力、有现代感的学院派建筑。设计师为现代的工作者、培训学员和设计师们创造一个健康、舒适、灵活、丰富的空间（图 6–54）。

图 6–54 研究院室内外形象

### 6.2.6　案例六：盐城宇光设计事务所

盐城宇光设计事务所办公室建筑面积约 116m²，设计师营造了一个全新的办公方式：休闲与办公并行，借用创意空间激发灵感，同时也驱散工作的枯燥乏味。整个空间的几个主要功能分区：一进门，先是接待处及开放式休闲区，接着是会客区、设计师办公区，最后是总监办公室。设计提倡高格调、低成本的原则，主色调以白、灰为主，隔墙采用砖砌外粉水泥，矮隔断采用小青砖垒成，门窗部分采用杉木光皮实木板烧制。暗木花纹木面，以加重空间饱和度；顶部不做任何吊顶，所有灯具照明装布置，解除了压抑感。主要材料采用水泥、青砖、钢管。整个空间分为两大功能。为了加强空间的时代感与文化品位，还设计了悬挂式展示架，让空间具有生命力，使办公也能像在家一样轻松愉快（图 6-55）。

图 6-55　空间中主要运用混凝土、木青砖等设计材料形成古朴风格

### 6.2.7　案例七：迈克多办公空间

成都上城设计事务所的办公空间，空间采用非连续的隔断（没有窗洞）和地面的高差变化形成一种可以自由交换的缝隙式空间。主要通过墙体本身的变化（高低错落和封闭方式）以及墙、顶和地之间的关系在不同功能类别的情况下实现步移景异的空间效果。空间通过缝隙相互贯通，而交换的多少取决于界限的肯定程度，交换的方式则取决于平面的动线（图 6-56~ 图 6-58）。

图 6-56　缝隙式的空间交换

图 6-57　光影及墙体丰富多变的造型共同构成空间的变化

图 6-58　简洁的造型凸显理性的美感

### 6.2.8　案例八：悟石空间装饰设计公司

悟石空间装饰设计公司是一家专业进行空间与装饰艺术品研究与营销的公司。公司的主旨是“为特定的空间定制原创的陈设艺术品”及“让观享品成为空间的灵魂”。主要功

能空间用来接待洽谈、展示，而办公功能为辅。整体设计依据空间造型结合艺术品展示营造空间独特的艺术氛围。一楼的茶艺区设置通透的落地玻璃，模糊室内外的界限，把室外的整体绿色引入室内，原木茶艺台更显自然风格。梯间利用墙体的凹凸变化表现现代建筑的结构美感，同时也使洗手间变得玲珑有致。上二楼的中空部分利用结构的起伏变成空间与装饰艺术品结合的一个亮点。整个设计体现简约的精神，材质运用自然朴实，形成一种干净、与世无争的空间氛围（图 6-59 和图 6-60）。

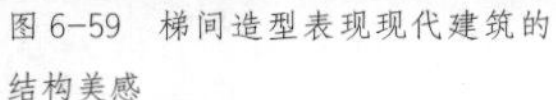

图 6-59 梯间造型表现现代建筑的结构美感

图 6-60 空间的设计体现现代简约的精神。材质的运用力求自然、朴素。将天然河滩石、沧桑原木及水泥地板结合在一起，希望营造一种朴实的奢华感

# 6.3 世界最新 LOFT 案例解析

LOFT 的设计理念是在旧建筑肌理中植入新片断，而这种植入目前广泛地存在于我国甚至全世界的城市化进程中。作为一个时代发展反映到建设活动上的产物，它的存在是合理而有意义的。设计师应该在尊重建筑传统的基础上着手建立一种新的秩序，一种恰如其分地处理新旧矛盾的秩序，以达到最终和谐共生的目的。

## 6.3.1 深圳聂风工作室设计

鉴于原有空间面积不大，且略显局促，为了丰富视觉，使空间变得丰富有趣，设计师将整个空间规划为多边形，同时中间留出一个梯形“客厅”彰显 LOFT 的空旷之感（图 6-61 和图 6-62）。

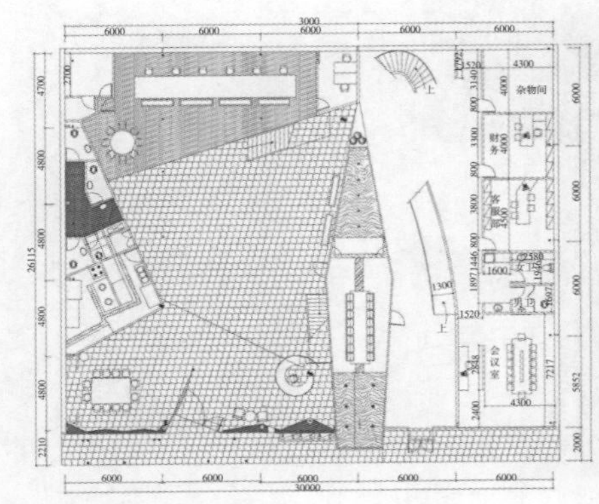

图 6-61 一层平面图

图 6-62 突出 LOFT 的空旷之感

一楼的空间由于采用多边形分隔，显得流畅、多视角。二楼是沿梯形中空的三边墙围合布置工作空间。三楼隐藏在一个不起眼的位置，没有空间的压迫感，又最大化利用了空间。设计师从大门一直到中空的梯形都想体现一种开阔的空间，室内建筑本身通透的玻璃、没扶手的楼梯、青石砖的地面、素混凝土的墙，都展示着一种多元文化交流的场景，将矛盾与统一彰显得淋漓尽致，既有非常现代的空间感，又有很浓重的本土文化（图 6-62）。

## 6.3.2 北京中国日报社网站新办公室

当今时代，媒体革命已成为一个令人无法回避的现实。信息高速公路正在改变着经济、信息体系和娱乐行业。这一个充满活力与生机的新市场对建筑师和室内设计师产生积极而广泛的影响。专业用户所需要的不仅仅是最新的技术，还需要与之相映成趣的室内环境。一个能展示这种特点的室内环境，将是促进公司发展和改善公司形象的关键。本设计通透的空间层次、贯通的线性因素、暴露的空间结构、交错运用的工业与自然色彩，营造出了一个通透、便于交流、人性化的现代信息办公环境（图 6-63）。

休息区

洽谈区

接待区

图 6-63 北京中国日报社网站新办公室

## 6.3.3 起伊伊伊伊伊士广告公司

设立于巴黎的平面设计公司“起伊伊伊伊伊士”，因为业务扩展的缘故将新址设在了巴黎蒙马特区一座面积约为 150m² 的旧建筑里面。业主要求把旧建筑改造为一个较为开敞的办公空间。

设计师为了忠实保存属于那个时代的工业艺术意象，还在屋顶加开了两个天窗，保留原有的橡木梁并修复工业风格的金属窗，增设暖气设备并且在地面层混凝土楼板的边缘加装了荧光管，空间中央则设置了一座不锈钢阶梯，通往上方 50m² 的夹层。这种设计方法不仅使得原有的空间形态得以保留，还增加了空间的现代感。设计师以混凝土材料改建了一个柠檬绿的方体结构支撑着夹层空间，作为行政办公与娱乐交流的空间，并使之成为室内空间的主要视觉元素。同时这个柠檬绿的方体，还起到了有效分隔空间的作用：把工作场所必备的器材与物件隐藏在其后方，包括用来排除室内粘胶气味的抽风机；与不锈钢阶梯一起巧妙地将地面层空间划分为两个区域，一边是创意办公空间，另一边则是员工简易餐厨空间（图 6-64）。

图 6-64 不锈钢阶梯与绿色方体

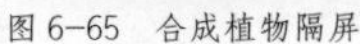

图 6-65 合成植物隔屏

设计师为了满足业主对私密性的需求，创造性地设计了一种“合成植物隔屏”（图 6-65）来满足这个双重要求。隔墙设计使得创意办公空间工作场所完全开放，在避免访客看到公司为其他客户进行的设计方案的同时，也保障其业务的机密性，同时也展现了空间特性。

## 6.3.4 耐克公司客户接待所与产品展示中心

耐克公司建筑选址在一个很不显眼的地方，业主的主要要求是想营造一个气氛融洽，像家一样的温暖空间。主要的功能空间作为接待和产品展示之用，在特定的接待区域要体现公司的形象。

图 6-66 天井下的室内运动场

图 6-67 天井四周各个展示空间与小型沙龙

建筑原有的空间环境质量很差，房间放满了杂物。建筑为旧厂房，除了加盖玻璃采光的天井之外毫无质量可言。建筑师根据企业性质，设计了一个开敞的运动性空间，将这个天井中的空间障碍完全清除，赋予这个天井一个室内运动场的空间意象，并将它规划成可以容纳各种活动的场所（图 6-66）。展示中心其他的空间则安排在这个天井的四周，包括各个展示空间与小型沙龙，它们各自拥有鲜明的风格，但同时笼罩在一个柔和、亲密而且温暖的空间氛围当中（图 6-67）。

建筑师刻意保留了建筑原有的风格面貌：20 世纪初期建筑中的金属感（格栅与翼板金属梁、铸铁柱列以及钢材质的采光罩架构）。在材料的运用上采用了素面不上漆的金属材料，并且对旧有的金属材质进行细心的除锈处理。中心天井下的主要空间可以用玻璃活动隔间墙板随着不同的需要来塑造不同的空间变化。

## 6.3.5 Paulith Garments 服装销售公司

此案例为面积有 500$m^2$ 服装销售公司总部，业主要求这个项目设计成“建筑中的建筑”。因此，建筑师仔细分析办公室与建筑结构之间的关系将空间设计成由一条不断延伸的狭长地带弯曲折叠而成。仓库以及生产、管理、销售部门都集中在那条模糊不清的界线上。这个情况让空间更集中、更有凝聚力，也营造出一种积极的工作气氛。公共空间被当作在总办公室范围之中的另一个外在范围，把分散且不同的分工部门联系起来，原料在那里变成制品。

这个 500m$^2$ 的空间是用于时装分销及展览厅。其他设备还包括装卸码头、行政办公室、更衣室、会议室以及展览厅（图 6-68 ~ 图 6-75）。

图 6-68　服装销售公司建筑外观

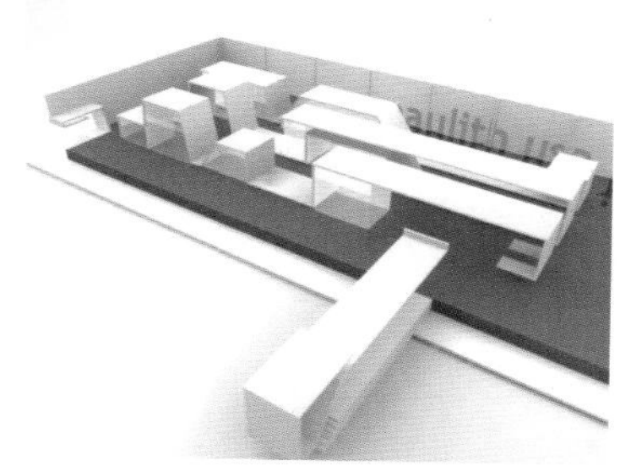

图 6-69　建筑中的建筑设计理念

图 6-70　划分的小区域

图 6-71　白色为主的设计

图 6-72　接待区

图 6-73　办公区

图 6-74　淡黄色调节室内色彩

图 6-75　从玻璃门看中心区

## 6.3.6　时装公司 CLOSED 总部

时装公司 CLOSED 总部位于后来复兴的一个旧街车仓库内，占地面积达 1400m$^2$。业主希望创造一种全新的空间形式，打破以往的工作环境。设计师根据要求将办公结构分隔为很多迷宫般的小房间。它包括设计部门、生产部门的开放式办公空间、两个新展览房、公司管理层办公室、营销区、簿记区和一个新的会议区、公共区和一个两层的接待厅。

原有建筑的主要光源来自中心的采光井而不是建筑正面，考虑到大空间的采光问题，所以设计师把空间设计成开放的办公室。这样既解决了光线问题，也弥补了小空间阻碍员工交流的问题。

业主要求开放的空间能将设计和生产部门、展示厅以及拥有 28 名管理、营销和簿记工作人员的独立办公空间融合在一起。这个要求成为空间设计上的一个主要的挑战。设计师决定这样解决难题：在大厅中安放两个长“盒子”来增加私人办公空间。一楼用作簿记和营销区，大楼层的一侧安置了展览室和管理人员办公室，而设计部门正好在另一侧(图 6-76~ 图 6-81)。

图 6-76 木质工作区

图 6-77 工作区

图 6-78 玻璃室工作区

图 6-79 接待区

图 6-80 设计区

图 6-81 营销区

## 6.3.7　Mother 广告公司

Mother 广告公司位于英国伦敦东部的新兴文艺区一个面积约 3900m$^2$ 的三层高的仓库内，业主想利用二层的开敞空间设计一个没有特定的空间区域办公区。

设计师根据业主要求，决定建造一个新的混凝土楼梯，切面穿过大厦并将三层连接起来。这个宽约 4.3m 的楼梯像跑道般环绕着第三层的空间，并成为广告公司的混凝土工作台。长约 76m 的工作台也许是世界上最长的办公桌了，最多可容纳 200 人。由于尺寸巨大，需要借助打通其他间隔来完成。这是一家年轻的大型广告公司，采用激进的运行模式并善于把当代文化带到他们的工作环境中。这种设计正好符合了公司人员的心理要求。每个人都围绕着巨型的工作台来工作，这个工作台似乎也成为公司成长的标志。为了将二楼下面的装货间与大堂更好地连接起来，整个楼层以白色为主题——白色的墙面、白色的环氧地板，营造出一个中性的艺术工作室。为了缓减重工业空间的噪音，设计师设计了 2.1m$^2$ 长的灯罩，里面垫有 1.2cm 的隔音泡沫。50 组灯罩上覆盖了 50 种不同图案的 Marimekko 布料，体现大型艺术安装的效果。其他楼层则采用制冷用的塑料窗帘来分隔出不同的领域（图 6-82 ~ 图 6-87）。

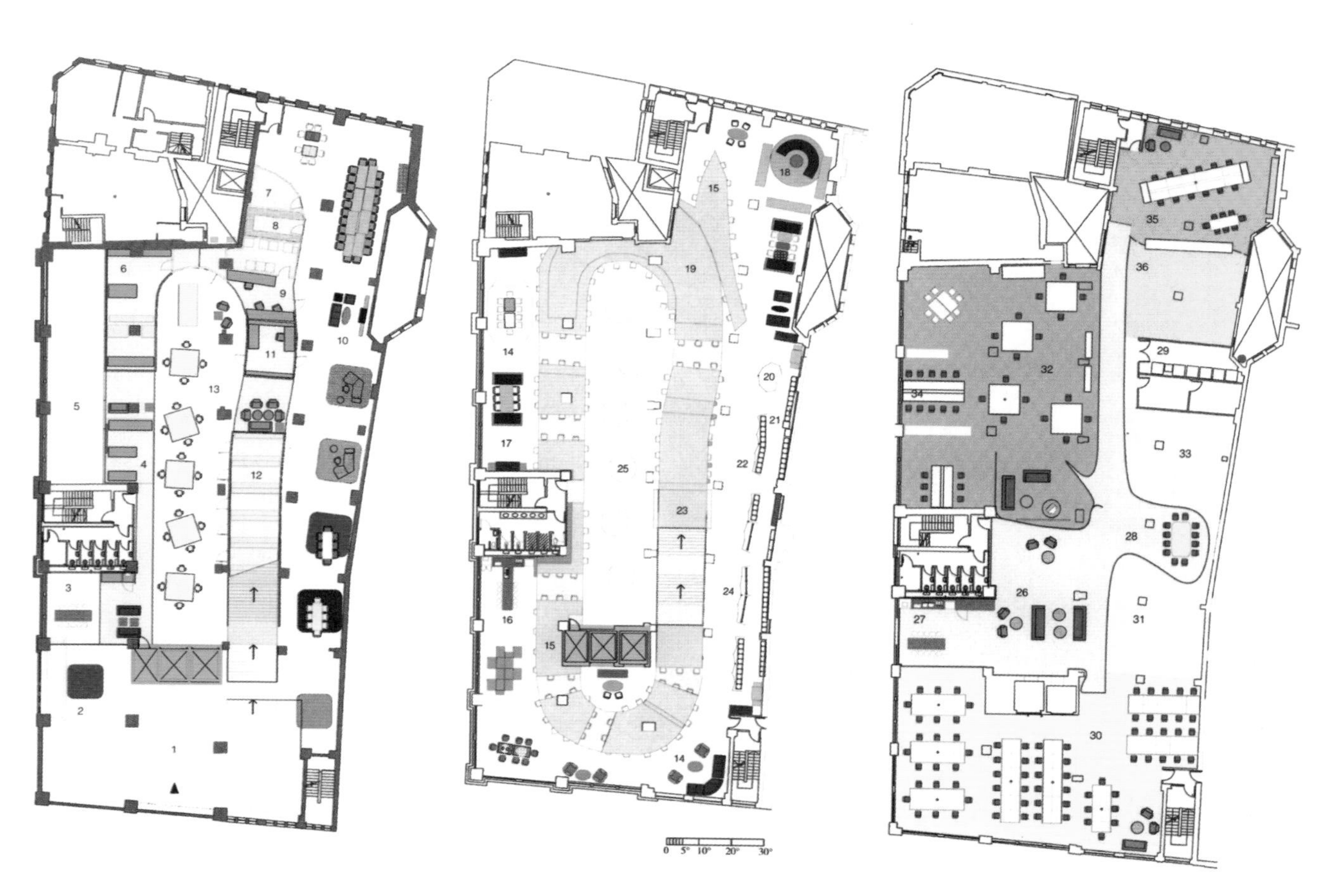

1—大堂入口；2—咖啡区；3—咖啡吧；4—报关区；5—游戏区；6—储物部长室；7—储物部；8—商务部；9—IT 室；10—会客厅；11—资讯中心；12—文件管理处；13—工作间；14—休息区；15—工作台；16—咖啡吧；17—传真室；18—游戏室；19—斜桌；20—电话亭；21—个人储物柜；22—展示板；23—楼梯平台；24—无线上网；25—长沙发；26—接待处；27—咖啡馆；28—会议室；29—IT 室；30—#1 附属公司；31—#1 预留空间；32—#2 附属公司；33—#2 预留空间；34—兼职人员区域；35—#3 附属公司；36—#3 预留空间

图 6-82　Mother 广告公司平面图

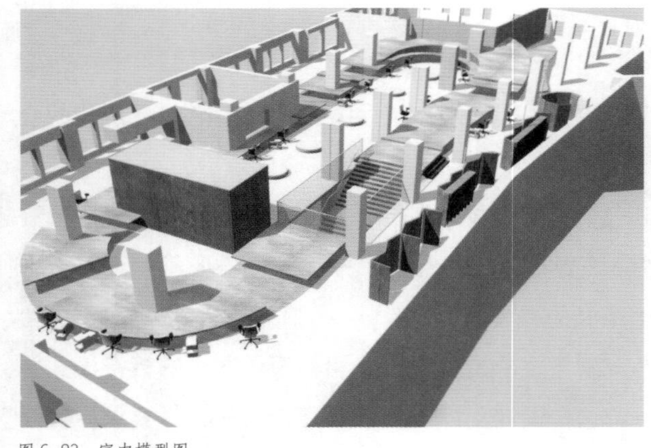

图 6-83 室内模型图

图 6-84 混凝土工作台

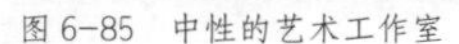

图 6-85 中性的艺术工作室

图 6-86 灯罩上覆盖了印有 50 种不同图案的 Marimekko 布料

图 6-87 洽谈区

## 6.4 最新概念设计之办公空间案例

概念设计是艺术发展进程中受意识形态中的概念艺术所影响形成的设计模式，设计师采用概念艺术的方法，依据构建好的结构和传统规则从固定形态中解脱出来。对于使用概念艺术的方法，首先就是要解决它的设计目的性，那些复杂的方式与过程，可以表述概念艺术的意义与内在哲理。

从事设计都要遵循一定的原则，或传统、或现代、或后现代、或构成，或讲求形式严谨、或表现新颖独特、或立体真切、或动感十足。这些设计原则和设计形式造就出了多种多样、变化无穷的视觉形象世界。概念设计也不例外。

### 6.4.1 案例一：荷兰市图片设计和出版社新办公室

图片设计公司和出版社规划的新办公室位于荷兰市中心，设计师把曼哈顿中央公园开放式城市概念设计引入到室内空间，把一个沉闷的 200m$^2$ 长方形租用办公空间改建成一个舒适的、现代的办公环境。

设计师在中心地带最大限度地划分出一个长方形空间，然后用纸板把外围部分围合起来。使用纸板造型的功能项目包括：货架、办公桌、工作台、会议区、小餐厅以及橱柜，中央区域的长条形矮桌也是用纸板来制造的。而区域与区域之间的边缘也都包上了一层纸板，就像环绕在中央公园周边的建筑群一样。材料的运用也恰到好处，事实证明，格子式的纸板设计方式不仅具有吸音的作用，还可以减少噪音，为大家创造一个安静的工作环境。另外，它亦是一种令人愉快的暖调材料，大比例地采用斑纹图案为室内营造出平和的气氛。在这个施工方案中，建筑师们同样注重材料的实用性。纸板是一种相当明亮且便宜的材料，除了胶水无需任何物料，而且容易被采用和运送，还有各种不同类型的厚度，可满足不同的需求（图 6-88）。

图 6-88　格子式的纸板在空间中重复利用

## 6.4.2　案例二：建筑玻璃墙制造公司

业主是一家建筑玻璃墙的制造商。设计师在进行仓库的改建工作中，把光源设计作为建筑的前提。

旧仓库结构呈长方形、拱形屋顶，占地 1200m$^2$，并拥有 1000m$^2$ 的办公室和三层展览室。设计规划是把工作间的新墙壁换成隔音玻璃，并在北面的尽头设计一面发光的墙体，为空间提供一个背景作用。通透并具反射作用的玻璃表面与打磨过的水泥地板相互呼应，使建筑潜在的光源能得以平衡。踏入正门，一条发光的轨道划破天花板穿越每一个空间，带领人们来到这个壮观的连接三层空间的楼梯前。室内看起来更像一家百货公司或一个博物馆，居中长而直的楼梯，犹如悬浮在空中。为了打破房子的统一，在背景墙角设置光源，借着塑胶浮雕和 160 条荧光灯管的序列营造一个新的空间逻辑。

楼梯铺砌着黑色 PVC 地板，结合持续发光的荧光灯管，交错成垂直的图案，使空间更有生气。线条清晰明确，在背景的衬托下形成一处亮丽的新焦点。拱形的屋顶下，三条输送冷气的真空管，双排白色聚酯荧光灯，巧妙的组合使这些管子有效地成为室内的光源。发光的轨道由 160 条简单的荧光灯组成，间隔为 40cm。把光管镶在地板下，以玻璃作为保护界面，让人们能随意地在上面行走。该项目的主材料是光，并强调如何用光源来塑造空间（图 6-89 和图 6-90）。

图 6-89 光源与玻璃铸造的室内空间（一）

图 6-90 光影与玻璃铸造的室内空间（二）

## 6.4.3 案例三：多伦多市 Grip 公司

设计师按照立体三维化新办公室的设计理念创作出一个可以激活和培养工作活力的空间，充分地体现出公司的个性与形象。

建筑上，这些设计集合了正式与非正式会面空间的突破：通往办公室的小路便是耐人寻味的一个空间。戏剧性的设计理念使室内和室外的装饰材料、元素之间模糊不清的界缘变得一目了然。平台从外表上、功用上都将两层主要的楼层连接起来，也就是第五、六两层。一个双层高度的空间形成了一个主要的聚集区或休息区，而且可以让人流垂直上下移动。除了楼梯间接着露天看台，还有连接位于北墙两个层数的创作室的滑梯和消防杆，也有促进人流垂直移动的功能。滑梯成为 Grip 公司的一大亮点。令人更喜出望外的是滑梯通过办公室提供了一个带动周围空间的宝贵经验。这与 Grip 公司的信念相吻合——着重创作的过程。过程与目的同样重要，露天看台布置有用钢以及染色胡桃木镶板造成的座位，为大型的会议、电影的播放提供了聚集的场所，也成为携带型电脑族工作的好去处。会面或休息地方设计得像一个热水浴池，可容下 10 人。人们会面时可以进入池中围成一圈交谈，这种开放的座位编排有助于舒缓客户心中的顾虑。一个源自啤酒客户的灵感，董事会议室像电冰箱，拥有不锈钢的外表，内部则由白色的人造磨砂玻璃装饰，可以隔音。(图 6-91、图 6-92)。

图 6-91　双层高度的室内创意空间

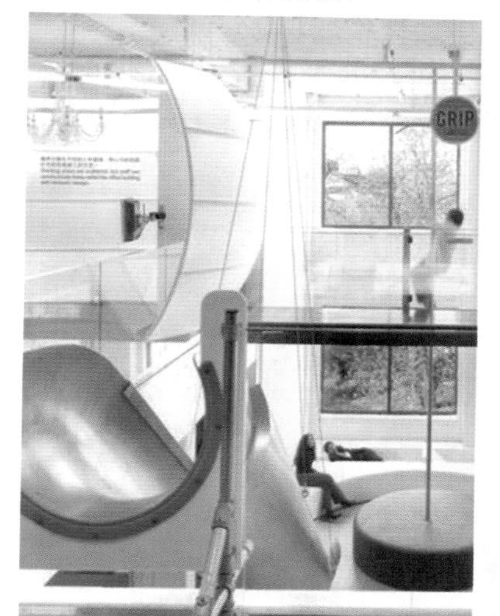

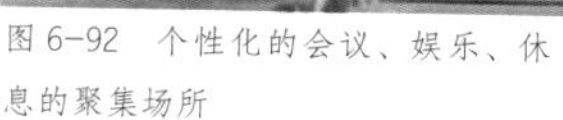

图 6-92　个性化的会议、娱乐、休息的聚集场所

## 6.4.4　案例四：二七零办公楼

此建筑的亮点主要体现在砖造的外墙立面上，墙体随着漫射到其上的光线产生变化，像一层隔热外衣将整栋大楼包裹起来，也使它与基地上既存的建筑物产生呼应。这个连续墙面被一连串大小不同而且随机安排的开口所打断，“窗户”这个建筑基本元素在此方案中展现了无比的诗意，使这一个让光线与视线穿透、提供室内室外交会的界面，平添许多丰富内涵。

这个诗意的主题不仅应用在开口尺寸与窗户出挑深度的变化上，也表现在其整体的色彩计划上：设计师运用各种鲜明的颜色来覆盖窗户开口的内壁，窗户外框则一律使用金属面材以在变化中寻求统一。设计师根据各个立面不同的方位为其开口内壁选择了 12 种颜色，这些颜色与其富含变化的出挑深度相结合，提供了使用者对此建筑的多样化体验：当他在空间里移动时，这个动感建筑也随之展现一系列不同的风情。设计师借助立面开口元件随机变化的趣味，使这一栋办公楼里原本重复的工作空间显得各不相同而且独一无二（图 6-93 和图 6-94）。

图 6-93 漫射到建筑物立面上的光线好似染上各种色彩

图 6-94 鲜明的颜色覆盖窗户开口的内壁

## 6.4.5 案例五：PONS 和 HUOT 公司巴黎总部

Forest through the table 将 PONS 和 HUOT 两间公司合二为一，其巴黎总部选址是在一座被废弃的建于 19 世纪后期的工业大楼，典型的钢构架结构，玻璃屋顶的边缘已经倒塌。设计师特意划分出 7 间独立办公室给每一位管理人员和一间大型工作室给其余的 8 名员工。另外，还划分出会议室（可分的）、共享的娱乐室、厨房，以及贵宾休息室，并在主要空间布置绿化带。设计的对象：首先，大厅完全重建，并量身定做了一个崭新的玻璃屋顶；其次，还原建筑原貌，保留原有的功能特点；最后，在现有的基础上用橡木分出一个木质结构的空间，高 1.7m、长 22m、宽 14m。每个独立的工作台面都设置了一个如“电话亭”般的树脂玻璃圆盖，四周是文件柜、储物室以及厨房。一直延伸进去的是会议室、娱乐室和休息室。其余的空间用作技术传输系统（包括电脑、电、空调、暖水供应），以及利用 18.3$m^3$ 的空间来种植八株榕树。这个计划没有预留门廊和接待区，来访者可以通过四周的小道到达相关的房间，独立的办公室则位于两个中层位置（图 6-95 ~ 图 6-100）。

图 6-95　大厅是典型的钢构架结构，采光很好

图 6-96　模仿室外有机生态环境的办公区

图 6-97　办公区模型图

图 6-98　模仿室外有机生态环境的办公区

图 6-99　连接处楼梯

图 6-100　会议室

### 6.4.6 案例六：宠物食品营销企业总部

宠物食品营销企业的新总部拥有两层空间。业主想营造一个安静、舒适、现代、灵活以及务实的办公环境，配以完善的内部设施，有利于加强员工的归属感，让他们感觉公司就像一个家。办公室分布在两个呈长方形的楼层，通信设备和电源系统环绕在中心位置。办公室已经拥有基本的 HVAC 装置（包括空调、安全照明、设备层和双层天花）并形成同一样式。这样的设计有助于加强员工之间的交流和信息的交流。明确的分区设计在入口处，包括两个主要的开放式工作区和两个综合区。邻近中心的是接待处、大堂和自助餐厅。管理层的位置分布在大楼的四周，是个很有特色的开放式空间。那些封闭的空间，如会议室、等候室以及顾客服务室，采用简约的石膏板、铝和玻璃等材料建成。开放式设计使天然光穿透每个角落，宽敞的窗户将户外的风景纳入工作环境内。工作区采用中性的色调、优美的曲线，符合人体工程学的家具设计，营造着温暖的氛围。这些区域唯一的区别是地板材料，小木板的表面类似于实木复合地板。在自助餐厅中设置一面“教学墙”来描述这些宠物的品种，采用可更换的面板来装饰，让员工们更加熟悉它们的特性（图 6-101 ~图 6-105）。

图 6-101　建筑物外观

图 6-102　宠物粮食图案作为装饰墙

图 6-103　自助餐厅中设置一面“教学墙”来描述这些宠物的品种

图6-104　洽谈区采用彩色条纹更有亲切感

图6-105　品牌宣传墙

## 6.4.7　案例七：Simone Micheli 工作室

设计师将原始的15世纪建筑，利用石头地板、木制的高挑天花和石墙组成一个丰富的空间，把 Simone Micheli 工作室创造成一个畅通无阻的迷人空间。

改造后空间包括接待区、休息室、文档室、会议室、洗手间、项目发展部、制图办公室和业主个人办公室。接待区的大型图腾圆柱上装饰着大量的数码图片与鲜艳的图案，欢迎访客的到来。独具个性的柱子与石板、白墙、天花等形成鲜明的对比，装置着不锈钢把手的文件柜也与之遥相呼应。黑色的洗手间与鲜艳的圆柱也形成了强烈的对比。长方形的"石块"坐厕是这个小空间里唯一的白色。镜子旁边的长方形铁缝里暗藏着空气、肥皂和水，这里的一切都采用电力感应器控制。大型的中央空间与接待区毗邻，这里兼作存档室与等候室，并保留着原始的墙体结构和天花横梁。黑色与白色的四方形复合的座位交错而置，必要时也可充当桌子。旁边是一个大型的金属档案柜。隔壁的项目发展部由两间大房组成，并由一条曲折的走道连接起来。所有的石膏墙、木质天花板、隔板与电脑桌均为白色设计，带有工业地板的味道。走道的尽头就是 Micheli 的办公室了。光油漆面的隔板用铁架支撑着，中央的桌子设计为带有轮子的式样，而且颜色鲜艳丰富。其中一面饰有镜子的墙体后面隐藏着一间小洗手间。制图办公室的墙体用一幅巨大的图片装饰着，为这个空间带来不一样的视觉效果。白炽灯与卤素灯的光线独特而精密，犹如舞台灯光般遍及每个空间，并丰富着每个细部。建筑物正面的偌大窗户让经过的人都能感受到赏心悦目的室内设计（图6-106～图6-112）。

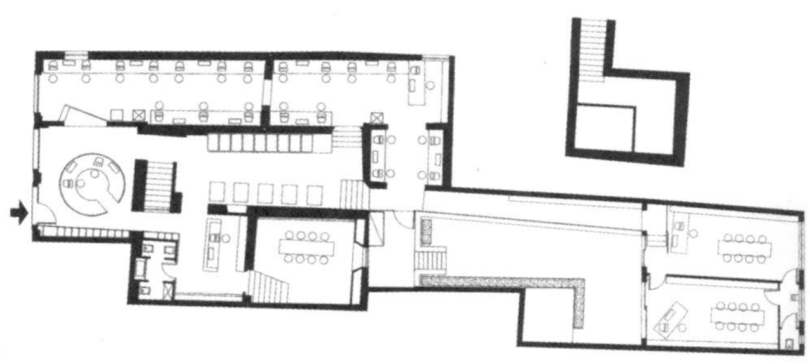

图6-106　平面图

图6-107　工作间

图 6-108 过道

图 6-109 粗糙的墙面质感

图 6-110 黑色与白色的四方形复合墩座位交错而置，黑与白的对比，粗糙的墙面与镜子的对比

图 6-111 工作区

图 6-112 制图办公室

# 课后任务

本单元作业命题：某金融机构办公空间室内设计（综合练习）。

具体要求：在新颖、创意的构思上，运用新型办公空间设计手法，强化不同表现手法的独特魅力。设计形式突破原有建筑形式、提取建筑及周边环境的相关元素，可对原建筑总平面做适当调整。图纸工作量包括功能分析图、流线分析图、建筑总平面图、铺地平面图、天棚平面图、剖立面图、大样图、透视图、工作模型。

增加阅读量，搜集相关的资料书籍，交一份对设计案例或某个设计师的设计思想的分析稿。

# 参考书目

[1] Myerson, Jeremy/ Ross, Philip. THE 21ST CENTURY OFFICE [M]. Random House Inc, 2005.

[2] Pietro, S. San/ Vasile. A. NEW OFFICES IN ITALY.Digital Manga Inc, 2005.

[3] Corporate Interior. PACE PUBLISHING LIMITED [M]. 沈阳：辽宁科学技术出版社，2008.

[4] TENEUES.office design [M]. 北京：中图北京市场部出版，2002.

[5] 北京方亮文化传播有限公司 .Innovative Office [M]. 北京：人民交通出版社 ,2007.